工程科技与建筑书系

建筑施工管理与公路工程建设

张伟斌　李竹端　郑炎昊　主编

哈尔滨出版社
H·P·H
HARBIN PUBLISHING HOUSE

图书在版编目（CIP）数据

建筑施工管理与公路工程建设／张伟斌，李竹端，
郑炎昊主编. -- 哈尔滨：哈尔滨出版社，2025.1
　　ISBN 978-7-5484-7774-7

　　Ⅰ. ①建… Ⅱ. ①张… ②李… ③郑… Ⅲ. ①建筑施
工-施工管理②道路工程-工程施工 Ⅳ. ①TU71
②U415

中国国家版本馆 CIP 数据核字（2024）第 058093 号

书　　名：**建筑施工管理与公路工程建设**

JIANZHU SHIGONG GUANLI YU GONGLU GONGCHENG JIANSHE

作　　者：张伟斌　李竹端　郑炎昊　主编

责任编辑：李金秋

出版发行：哈尔滨出版社（Harbin Publishing House）

社　　址：哈尔滨市香坊区泰山路 82-9 号　邮编：150090

经　　销：全国新华书店

印　　刷：北京鑫益晖印刷有限公司

网　　址：www.hrbcbs.com

E - mail：hrbcbs@yeah.net

编辑版权热线：（0451）87900271　87900272

销售热线：（0451）87900202　87900203

开　　本：880mm×1230mm　1/32　印张：5　字数：118 千字

版　　次：2025 年 1 月第 1 版

印　　次：2025 年 1 月第 1 次印刷

书　　号：ISBN 978-7-5484-7774-7

定　　价：48.00 元

凡购本社图书发现印装错误，请与本社印制部联系调换。

服务热线：（0451）87900279

前　　言

　　建筑施工管理与公路工程建设是相辅相成的两个重要领域,它们在现代基础设施建设中具有着举足轻重的地位。随着城市化进程的加速和交通运输需求的日益增长,公路工程建设的质量与效率变得尤为关键。而优质的建筑施工管理则是确保公路工程建设项目顺利推进、达到预期质量标准的核心环节。建筑施工管理涉及项目的规划、组织、指挥、协调和控制等多个方面,它要求管理者具备全面的专业知识和丰富的实践经验,以确保在施工过程中使安全、质量、进度和成本得到有效控制。在公路工程建设中,建筑施工管理的应用显得尤为重要,因为公路作为连接城乡、促进区域经济发展的重要交通纽带,其建设质量直接关系到行车安全、运输效率以及社会经济效益。

　　本书共分为六个章节,涵盖了建筑施工及其管理的多个方面。第一章详细介绍了建筑施工的不同环节,包括土方工程、桩基础工程和砌筑工程。第二章则转向建筑工程项目的组织管理,探讨了项目组织形式、项目经理与项目团队的建设,以及项目的组织协调。第三章则深入研究了建筑工程施工管理,包括进度控制、成本控制、合同管理和资源管理。第四章讨论建筑工程的安全管理,包括安全生产管理的概述、具体的管理措施、施工安全技术,以及安全管理体系、制度和实施办法。第五章将焦点转向了公路工程建设,介绍了公路工程的基本概念、基本建设程序和公路设计的控制要素、道路的基本体系和分类以及公路建设的具体内容。第六章，专注于公路工程的施工及管理技术，包括建设项目管理、公路工程施工技术，以及公路工程的养护与维修。

　　本书全面系统地介绍了建筑施工与公路工程建设及其管理的关键领域，为读者提供了深入的理解和实用的指导。

目　　录

第一章　建筑施工 ……………………………………… 1

第一节　土方工程 ……………………………………… 1

第二节　桩基础工程 …………………………………… 9

第三节　砌筑工程 ……………………………………… 19

第二章　建筑工程项目组织管理 …………………… 28

第一节　建筑工程项目组织形式 …………………… 28

第二节　项目经理与项目团队建设 ………………… 32

第三节　建筑工程项目组织协调 …………………… 39

第三章　建筑工程施工管理 ………………………… 46

第一节　建筑工程进度控制 ………………………… 46

第二节　建筑工程成本控制 ………………………… 49

第三节　建筑工程合同管理 ………………………… 56

第四节　建筑工程资源管理 ………………………… 60

第四章　建筑工程安全管理 ………………………… 66

第一节　建筑工程安全生产管理概述 ……………… 66

第二节　建筑安全生产管理的措施 ………………… 69

第三节　建筑施工安全技术 ·················· 72

第四节　安全管理体系、制度以及实施办法 ·········· 86

第五章　公路工程建设 ················· 100

第一节　公路工程概述 ················· 100

第二节　公路基本建设程序和公路设计的控制要素 ······ 107

第三节　道路的基本体系及分类 ············· 118

第四节　公路建设的具体内容 ·············· 123

第六章　公路工程的施工及管理技术 ······· 128

第一节　建设项目管理 ················· 128

第二节　公路工程施工技术 ··············· 134

第三节　公路工程养护与维修 ·············· 141

参考文献 ······················ 147

第一章 建筑施工

第一节 土方工程

一、土方工程概述

土方工程,又称土石方工程,是一项涉及对土地进行开挖、运输、填筑、平整与压实等一系列复杂施工活动的综合性工程领域。它不仅包括了土方的主体工程作业,还涵盖了与之紧密相关的辅助工作,如排水、降水处理以及边坡支护等。作为各种工程建设中不可或缺的前提和基础,土方工程对于确保后续施工活动的顺利进行以及工程质量的保障具有至关重要的作用。

土方工程因其独特的工程特性和施工要求显得尤为复杂。首先,从工程量上来看,土方工程往往涉及大量的土方开挖、运输和填筑作业,工程量巨大,需要高效的组织和管理。其次,施工条件复杂多变,不同的地质、水文和气象条件都会对土方工程的施工产生显著影响,增加了施工的难度和不确定性。例如,地质条件的差异可能导致开挖难度的变化,水文条件的变化可能影响边坡的稳定性,而气象条件的恶劣则可能延误施工进度。因此,在进行土方工程时,必须充分考虑地质、水文和气象等多种因素的综合影响,制定合理的施工方案和采取相应的技术措施。这包括对地质条件的详细勘查和分析,以确定合适的开挖方法和支护措施;对水文条件的实时监测和预测,以采取有效的排水和降水措施;以及对气象条件的充分预估和应对,以确保施工的连续性和稳定性。下表1-1为土的工程分类及开挖方法。

表1-1　土的工程分类及开挖方法

土壤分类	土壤名称	开挖方法
一、二类土	粉土、砂土(粉砂、细砂、中砂、粗砂、砾砂)、粉质黏土、弱中盐渍土、软土(淤泥质土、泥炭、泥炭质土)、软塑红黏土、冲填土	用锹,少许用镐、条锄开挖。使用机械能全部直接铲挖满载的
三类土	黏土、碎石土(圆砾、角砾)混合土、可塑红黏土、硬塑红黏土、强盐渍土、素填土、压实填土	主要用镐、条锄,少许用锹开挖。使用机械需部分刨松方能铲挖满载的或可直接铲挖但不能满载的
四类土	碎石土(卵石、碎石、漂石、块石)、坚硬红黏土、超盐渍土、杂填土	全部用镐、条锄挖掘,少许用撬棍挖掘。使用机械须普遍刨松方能铲挖满载的

二、土方工程施工流程

(一)施工前准备

施工前准备涵盖了对地形地貌的详细勘查分析、地基承载力的检测以及施工区域内障碍物的清理等多个方面,旨在确保施工的可行性和安全性,并为后续施工活动的顺利进行奠定坚实基础。

在地形地貌的详细勘查分析过程中,工程师需深入了解施工区域的地质情况,包括土壤类型、地层结构、岩性特征等,以评估地质条件对土方工程的影响。同时,对坡度和水文条件的详细调查也是必不可少的,这有助于确定土方开挖、填筑和排水等方案的合理性。通过这些勘查分析工作,工程师能够全面评估施工的可行性,识别潜在的风险因素,并制定相应的应对措施,以确保施工的安全性。地基承载力的检测是施工前准备的另一项重要内容。地基作为建筑物的基础,其承载能力直接关系到建筑物的稳定性和安全性。因此,通过专业的检测手段,如现场试验、室内试验等,对地基承载力进行准确评估是至关重要的。这有助于工程师确定合适的地基处理方案,以确保建筑物基础的承载能力满足设计要求。此外,在施工前准备阶段,还需对施工区域内的障碍物进行清理。这包括拆除或迁移施工区域内的建筑物、道路、管线等设施,以确保施工机械和人员的顺利进出,以及施工活动的顺利进行。障碍物的清理工作需与相关部门和单位进行充分沟通和协调,以确保清理工作的顺利进行,并减少对周边环境的影响。

(二) 开挖作业

开挖作业直接关联着后续施工步骤的顺利进行以及整体工程质量。在进行开挖作业之前,工程师需仔细研究工程图纸和施工方案,以明确开挖的具体要求、范围和深度等信息。在此基础上,选择合适的开挖方法和顺序是至关重要的,这需要根据现场条件、工期要求和经济性等多个因素进行综合考虑。开挖方法的选择具有多样性,包括人工开挖、机械开挖以及爆破开挖等。人工开挖主要适用于开挖深度较小、范围较窄的情况,它具有灵活性高、对周边环境影响小等优点。而机械开挖则适用于大规模、高效率的土方工程,常用的机械包括挖掘机、推土机等,它们能够大幅度提高开挖效率,缩短工期。对于某些特殊地质条件或开挖难度较大的区域,爆破开挖可能成为一种有效的选择,但这需要对爆破参数进行严格控制,以确保周边环境和建筑物的安全。在开挖过程中,边坡的稳定性是一个需要特别关注的问题。边坡失稳可能导致滑坡、坍塌等安全事故,对工程进度和人员安全构成严重威胁。因此,工程师需对边坡进行稳定性分析,并根据分析结果采取相应的支护措施。支护措施包括设置挡土墙、打入锚杆或进行土层加固等,它们能够有效地提高边坡的稳定性,确保开挖作业的安全进行。

（三）运输作业

运输作业负责将开挖出的土石方料高效、有序地运送到指定的地点,这是确保施工进度和现场秩序的关键环节。根据工程的具体需求和现场条件,可以选择卡车、皮带输送机等多种运输工具。卡车因其灵活性和适应性强而广泛应用于各类土方工程,能够迅速将土石方料从开挖区域运送到指定地点。而皮带输送机则适用于大规模、连续性的土方运输作业,其高效的输送能力能够显著提升施工效率。在运输过程中,合理规划运输路线是确保施工顺利进行的关键。工程师需要综合考虑施工现场的布局、道路状况、交通流量等因素,制定出最优的运输路线。这不仅可以减少施工现场的淤积和拥堵现象,还能有效缩短运输时间,提高施工效率。此外,运输作业还需要与其他施工环节紧密协调配合。例如,在开挖作业进行时,运输设备需要及时跟进,将开挖出的土石方料运走,以避免影响开挖进度。同时,在填筑和平整作业阶段,运输设备也需要根据施工需求,将土石方料准确地运送到指定位置。

（四）填筑与平整

填筑与平整作业直接关系着地基的承载能力和稳定性，以及后续工程建设的顺利进行。根据设计要求，工程师需将运输来的土石方料进行精确的填筑和平整，以确保地基的质量满足工程需求。在填筑过程中，控制填筑厚度和压实度是至关重要的。填筑厚度过大会导致地基承载力不足，而压实度不够则会影响地基的稳定性。因此，工程师需根据设计要求和现场条件，合理确定填筑厚度和压实度，并采用适当的压实设备和方法进行压实作业。通过严格控制填筑质量和压实效果，工程师能够确保地基的承载能力和稳定性，为后续工程建设打下坚实的基础。平整作业则是填筑作业的后续环节，它的主要目的是提高土地的利用率，减少施工难度。在平整过程中，工程师需采用适当的平整设备和方法，将填筑后的地面进行精确的平整处理，包括去除凸起的部分、填补凹陷的部分以及调整地面的坡度等。通过平整作业，工程师能够确保地面平整、无明显起伏，为后续工程建设提供良好的基础。填筑与平整作业的顺利实施还需要与其他施工环节紧密协调配合。例如，在填筑作业进行时，运输设备需要及时跟进，将土石方料准确运送到指定位置。同时，在平整作业阶段，也需要考虑后续施工的需求，确保平整后的地面能够满足后续工程的要求。

（五）压实作业

压实作业旨在提高填筑后土层的密实度和承载力，以确保地基的稳定性和后续工程建设的安全性。此过程主要通过使用振动碾、静力碾等压实设备对土层进行压实来实现。在压实作业中，控制压实遍数和压实度是至关重要的。压实遍数指的是压实设备对土层进行压实的次数,而压实度则是土层压实后的密实程度。这两个参数直接影响着压实效果和质量。为了达到设计要求,工程师需要根据土层的性质、填筑厚度以及压实设备的性能等因素,合理确定压实遍数和压实度。振动碾和静力碾是两种常用的压实设备。振动碾通过振动作用使土层颗粒重新排列,达到更密实的状态。而静力碾则依靠自身的重量和静压力对土层进行压实。在实际工程施工中,选择哪种压实设备取决于土层的性质、工程要求和现场条件。在压实过程中,工程师还需要密切关注压实效果。他们可以通过观察土层的表面状态、检测土层的密实度等方式来评估压实效果。通过合理的压实遍数和压实度控制,工程师能够有效提高土层的密实度和承载力,确保地基的稳定性和后续工程建设的安全性。同时,这也有助于减少地基沉降和变形等问题的发生,提高整体工程的使用寿命和性能。

(六)辅助工作

施工排水、降水以及边坡支护是辅助工作中的关键环节。施工排水和降水工作的主要目的是降低地下水位,以改善施工条件。在土方工程施工过程中,地下水的存在往往会对施工造成一定的困扰。过高的地下水位可能导致施工区域泥泞不堪,增加施工难度,甚至引发安全隐患。因此,通过合理的排水和降水措施,工程师能够有效降低地下水位,使施工区域保持干燥,从而提高施工效率和质量。边坡支护则是确保开挖边坡稳定性的重要手段。在土方工程施工中,开挖活动往往会形成边坡。这些边坡的稳定性对于施工的安全至关重要。如果边坡失稳,就可能发生坍塌事故,对施工人员和周边环境造成严重威胁。因此,工程师需要采取一系列支护措施,如设置挡土墙、打入锚杆或进行土层加固等,以增强边坡的稳定性,防止坍塌事故的发生。辅助工作的实施需要与其他施工环节紧密协调配合。例如,在排水和降水工作中,需要合理规划排水路线和降水井的位置,以确保排水和降水效果的最大化。同时,在边坡支护工作中,也需要考虑支护结构与开挖活动的相互影响,确保支护结构能够有效发挥作用。

三、土方工程技术方法

(一)水冲法土方开挖

水冲法土方开挖特别适用于滨海地区或开发区的工程项目,该方法的核心原理是利用高压水流产生的强大冲压力,对要开挖的土体进行冲刷,使其结构破坏并转化为易于抽排的流沙状泥水混合物。这一转化过程不仅降低了土体的物理强度,还极大地提高了其流动性,为后续抽排作业创造了有利条件。在冲刷作业完成后,流沙状泥水混合物会通过泥浆泵被高效地抽排至施工现场边缘的沉淀池内。在沉淀池中,泥水混合物会经历一个自然的沉淀过程,其中较重的泥土颗粒会逐渐沉降到底部,而较清的水则会浮在上层。通过这种沉淀分离,可以实现泥水的有效分离,为后续处理提供便利。沉淀下来的泥土具有很高的再利用价值。根据工程的具体需求和泥土的性质,这些泥土可以直接作为场内的回填用土,用于填充低洼地带或构建土堤等。此外,如果泥土的质量符合相关标准,还可以将其外运至其他工程现场进行再利用,从而实现资源的最大化利用。水冲法土方开挖技术具有多个显著优点。首先,它利用水流进行冲刷,无须大量机械作业,因此产生的噪声和振动都相对较小,对周边环境的影响也较低。其次,该方法能够有效地处理软土、淤泥等难以直接开挖的土体,显示出广泛的适用性。最后,通过泥水的沉淀分离和泥土的再利用,该方法还实现了土方工程中的资源循环利用,符合可持续发展的理念。

(二)堆载预压法

堆载预压法是一种有效的地基加固技术,其核心原理是利用外部荷载对被加固地基进行预压处理,以达到改善地基土性质和提升其承载力的目的。在实际应用中,土料、块石、砂料或建筑物本身的重力常被用作预压荷载,这些荷载通过精心计算和布置,能够对被加固地基产生均匀的预压效果。在预压荷载的作用下,饱和土地基中的孔隙水会受到压力作用而逐渐排出。这一过程是地基固结变形的关键所在。随着孔隙水的排出,地基土的孔隙体积会逐渐减小,土颗粒之间的接触更加紧密,从而形成更加稳定的地基结构。这种固结变形不仅提高了地基土的强度,还显著增强了其承载力,为后续工程建设提供了坚实的基础。堆载预压法的优势在于其施工简便、经济实用,且加固效果显著。通过合理的荷载选择和布置,可以实现对地基的均匀预压,有效避免地基在后续工程建设中出现不均匀沉降等问题。此外,该方法还能够充分利用现场土料、块石等资源,降低工程成本,提高经济效益。然而,堆载预压法的应用也受到一定条件的限制。例如,在软土地基或高水位地区,由于地基土的渗透性较差,孔隙水的排出速度可能较慢,导致预压时间较长。因此,在实际工程中,需要综合考虑地基条件、工期要求等因素,合理选择和应用堆载预压法。

(三)截水法

截水法是一种在基坑工程中常用的地下水控制技术,其核心目的在于通过构建止水帷幕,有效切断基坑外部地下水的渗透路径,从而防止其流入基坑内部,确保基坑工程的稳定与安全。止水帷幕作为截水法的关键组成部分,其设计与施工需严格遵循防渗要求,以确保其能够有效阻挡地下水的渗透。在实际应用中,止水帷幕的厚度是一个至关重要的参数,它直接关系到帷幕的防渗性能。为了满足基坑防渗要求,必须根据工程地质条件、地下水位、水压以及帷幕材料的渗透性能等因素,进行科学合理的厚度设计。通常情况下,较厚的止水帷幕能够提供更好的防渗效果,但也会增加施工难度和成本,因此需要在满足防渗要求的前提下,进行经济合理的厚度优化。除了厚度之外,止水帷幕的渗透系数也是控制其防渗性能的关键指标。渗透系数反映了材料抵抗地下水渗透的能力,对于止水帷幕而言,较低的渗透系数意味着更好的防渗效果。因此,在选择帷幕材料时,应优先考虑那些具有较低渗透系数的材料,如高密度聚乙烯、聚氯乙烯等。同时,在施工过程中,还需要严格控制帷幕材料的接缝处理,以防止因接缝不严密而导致的地下水渗透。

第二节 桩基础工程

一、桩基础的基本概念

桩基础是一种深基础形式,其核心设计理念是利用承台结构将多根桩的顶部有效联结成一个整体,从而形成一个共同承受来自上部结构动静荷载的系统。桩作为这一系统中的基础构件,通常被嵌入土壤中,其排列可以是竖直的,也可以根据工程需求进行倾斜设置。桩基础的主要功能在于穿越那些软弱且高压缩性的土层或水体,确保所承受的荷载能够被有效地传递到更深层、更坚硬、更密实或压缩性较小的地基持力层上。桩基础之所以在工程界得到广泛应用,主要归功于其出色的承载能力、广泛的适用性以及沉降小且均匀的优点。在高层建筑中,桩基础能够有效地支撑起庞大的建筑荷载,确保建筑物的稳定性和安全性;在桥梁工程中,桩基础能够承受来自桥面和交通荷载的复杂作用,保证桥梁的稳固和持久。

二、桩的类型与分类

(一)按使用功能分类

竖向抗压桩主要以承受竖向抗压荷载为主,其设计理念在于通过桩身将上部结构的荷载有效传递到更深层、更稳定的地基持力层。这类桩包括摩擦桩、端承桩以及介于两者之间的中间类型桩。摩擦桩主要依靠桩身与周围土体的摩擦力来承担荷载,而端承桩主要通过桩端部的支撑力来传递荷载。中间类型的桩则结合了摩擦和端承两种机制,以达到更优化的荷载传递效果。竖向抗拔桩主要承受来自上部结构的竖向上拔荷载。这类桩的设计需要特别考虑桩身与土体的黏结力以及桩端的锚固力,以确保在承受上拔荷载时不会发生桩身拔出或破坏的情况。水平受荷桩主要承受来自水平方向的荷载,如风力、水流力或地震力等。这类桩的设计需要重点考虑桩身的抗弯刚度和抗剪强度,以确保在水平荷载作用下不会发生桩身断裂或过大变形。水平受荷桩在桥梁、港口、近海工程等需要抵抗水平荷载的场合中具有重要的应用价值。复合受荷桩是指同时承受竖向和水平荷载均较大的桩。这类桩的设计需要综合考虑竖向抗压、竖向抗拔以及水平受荷等多种因素,以确保桩身在复杂荷载作用下的稳定性和安全性。复合受荷桩在高层建筑、大型桥梁、海洋平台等复杂工程中具有广泛的应用前景。

（二）按材料分类

桩基础作为土木工程中的重要组成部分,其材料的选择与应用对于工程的稳定性与安全性具有至关重要的影响。历史上,木桩因其易获取与易加工的特性而被广泛使用,然而在现代工程中,由于其承载能力和耐久性的限制,木桩的应用已经逐渐减少。相对而言,钢桩凭借其出色的承载能力和对多种地质条件的广泛适用性,在现代工程中占据了重要地位。钢管桩和 H 型桩作为钢桩的代表,不仅具有高强度和良好的韧性,还能够在复杂的地质环境中提供稳定的支撑。除了钢桩,混凝土桩也是现代土木工程中不可或缺的一部分。普通钢筋混凝土桩以其经济性和施工便利性,在各类工程中得到了广泛应用。而预应力钢筋混凝土桩则通过预应力技术进一步提高了桩的承载能力和抗裂性能,使得其在高层建筑、大跨度桥梁等重载工程中发挥着举足轻重的作用。此外,随着工程技术的不断进步和创新,组合桩作为一种新型桩基础形式逐渐崭露头角。组合桩由两种或两种以上不同材料制成,充分结合了各种材料的优点,能够根据具体工程需求和地质条件进行因地制宜的选择与设计。这种灵活性不仅提高了桩基础的承载能力和稳定性,还为工程师们提供了更多的设计选项,以满足不同工程的特殊需求。

（三）按施工方法分类

预制桩是一种预先制作完成的桩体,其施工过程主要包括桩体的预制和沉入土层两个阶段。预制桩的制作通常在工厂或预制场地进行,采用标准化的生产工艺和材料,以确保桩体的质量和尺寸精度。在桩体制作完成后,使用专门的机械设备将其沉入土层中,以达到设计要求的深度和位置。打入预制桩和静压预制桩是两种常见的预制桩施工方法,它们分别采用锤击或静压力将桩体沉入土层,具有施工速度快、质量可控等优点。灌注桩则是通过在施工场地上钻孔,达到所需深度后灌注混凝土形成桩体的一种桩基础形式。灌注桩的施工过程包括钻孔、清孔、灌注混凝土和养护等步骤。钻孔是灌注桩施工的第一步,其目的是在土层中形成一定直径和深度的孔洞,为后续的混凝土灌注提供空间。清孔是在钻孔完成后进行的,主要是清除孔洞中的泥土和杂质,以确保混凝土灌注的质量和密实性。灌注混凝土是灌注桩施工的核心步骤,通常采用泵送或自流等方式将混凝土灌入孔洞中,形成桩体。养护则是在混凝土灌注完成后进行的,目的是保证混凝土的强度和稳定性。钻孔灌注桩和沉管灌注桩是两种常见的灌注桩施工方法,它们分别采用不同的钻孔和灌注方式,以适应不同的工程需求和地质条件。

(四)按桩径大小分类

桩基础作为土木工程领域中一种重要的深基础形式,其分类方式多样,其中按照桩的直径大小进行划分是一种常见且实用的方法。具体而言,桩基础可以分为小桩、中等直径桩以及大直径桩三类,每种类型的桩都有其独特的应用场景和技术特点。小桩是指直径小于 250 mm 的桩。这类桩由于其较小的尺寸,通常适用于荷载要求相对较低、土层条件较好的工程场景。小桩的施工相对简便,成本较低,因此在一些小型建筑或临时性工程中得到了广泛应用。中等直径桩的直径范围在 250~800 mm 之间,是桩基础中最常见的一种类型。这类桩具有适中的承载能力和较好的经济性,能够满足大多数土木工程的需求。中等直径桩适用于多种土层条件,且施工工艺相对成熟,因此在高层建筑、桥梁、港口等工程中得到了广泛应用。大直径桩则是指直径大于 800 mm 的桩。这类桩由于其较大的尺寸和承载能力,通常用于承受巨大荷载或穿越复杂土层条件的工程场景。大直径桩能够提供更高的稳定性和安全性,但相应地,其施工难度和成本也相对较高。在大型桥梁、高层建筑、海洋平台等重载工程中,大直径桩发挥着不可替代的作用。

(五)按承台位置分类

桩基础作为土木工程中的一种重要深基础形式,其设计与应用需充分考虑工程需求、地质条件以及施工环境等多种因素。在桩基础的分类中,根据桩承台底面的位置相对于地面的高低,可以将其分为低承台桩基和高承台桩基两种主要类型。低承台桩基,其特点在于桩承台的底面位于地面以下。这种设计使得桩基础与周围土体的接触更加紧密,有利于充分利用桩侧摩阻力来承担上部结构传来的荷载。同时,低承台桩基还能有效减小基础的整体沉降量,提高基础的稳定性。因此,在低层建筑、小型桥梁以及地质条件较好的地区,低承台桩基得到了广泛的应用。而高承台桩基则与之相反,其桩承台的底面高出地面以上。这种设计使得桩基础在承受上部结构荷载的同时,还能更好地抵抗来自水平方向的外力作用,如风力、水流力等。因此,高承台桩基在港口、码头、海洋工程以及桥梁工程中得到了广泛的应用。在这些工程中,由于上部结构通常较高,且常常受到水平荷载的作用,因此采用高承台桩基可以更有效地保证工程的稳定性和安全性。

三、桩基础的设计原理

(一)地质勘查

钻探技术通过钻取地基土层的样本,能够直观地揭示土层的层次结构、颗粒组成以及含水状态等关键信息。这些信息对于判断土层的承载能力、压缩性以及潜在的变形特性具有至关重要的意义。同时,原位试验则在保持土层原有结构和应力状态的前提下,对其物理力学性质进行更为精确的测定。例如,通过标准贯入试验可以评估土层的密实度和强度特性,而旁压试验则能够进一步揭示土层在侧向压力作用下的变形和破坏机制。综合钻探和原位试验的结果,地质勘察人员能够建立起对地基土层全面、深入的认识,为桩基础的设计提供有力的地质依据。桩基础的设计需充分考虑土层的承载能力、压缩性、抗剪强度以及潜在的变形特性,以确保基础在承受上部结构荷载时能够保持稳定和安全。因此,地质勘察的准确性和可靠性对于桩基础设计的成功与否具有决定性的影响。在实际工程施工中,地质勘察往往面临着复杂多变的地质条件和施工环境的挑战。因此,勘察人员不仅需要具备扎实的专业知识和丰富的实践经验,还需要不断关注和应用最新的勘察技术和方法,以提高地质勘察的精度和效率。只有这样,才能为桩基础及其他基础形式的设计提供更为准确、全面的地质资料,确保土木工程的安全性和稳定性。

(二)荷载计算

荷载计算要求工程师根据上部结构的形式、荷载特性以及使用环境等多重因素,进行科学合理的分析和计算,以确定桩基础所需承受的各类荷载。这一计算过程涵盖了竖向荷载、水平荷载、上拔荷载以及振动荷载等多个方面,每一类荷载都对桩基础的设计和使用性能产生深远的影响。竖向荷载主要来源于上部结构的自重以及使用荷载,它是桩基础设计中最基本的考虑因素。工程师需要准确计算上部结构的重量,并结合使用过程中的可能变化,来确定桩基础所需承受的竖向荷载大小。水平荷载则可能由风力、地震力或土压力等引起,它对桩基础的稳定性和安全性构成重大挑战。在计算水平荷载时,工程师需要充分考虑荷载的方向、大小以及作用方式,以确保桩基础能够承受来自水平方向的各类外力作用。这类荷载的计算要求工程师对桩基础与土体的黏结力以及桩端的锚固力进行深入分析,以确保桩基础在承受上拔荷载时不会发生拔出或破坏。振动荷载则可能由机械振动或交通荷载等引起,它对桩基础的疲劳性能和长期稳定性产生影响。在计算振动荷载时,工程师需要关注荷载的频率、振幅以及持续时间等参数,以确保桩基础能够在长期振动作用下保持稳定和安全。

（三）桩型选择

桩型选择要求工程师综合考虑地质条件、荷载特性、施工条件以及经济性等多重因素,以科学合理地确定最适合特定工程的桩型。这一过程涉及对多种桩型的深入分析和比较,包括摩擦桩、端承桩以及中间类型的桩等,每种桩型都有其独特的应用优势和适用环境。在软弱土层中,摩擦桩往往表现出更为适用的特性。这是因为摩擦桩主要依靠桩身与周围土体的摩擦力来承担荷载,而软弱土层通常具有较好的摩擦性能,能够为摩擦桩提供足够的支撑力。因此,在软土地区或土层承载力较低的工程中,摩擦桩往往成为首选的桩型。相比之下,在硬土层中,端承桩则更具优势。端承桩主要通过桩端部的支撑力来传递荷载,而硬土层具有较高的承载能力和较好的稳定性,能够为端承桩提供坚实的支撑基础。因此,在岩层、砂卵石层等硬土地区或需要承受较大荷载的工程中,端承桩往往成为更为合适的选择。除了地质条件和荷载特性外,施工条件和经济性也是桩型选择中需要考虑的重要因素。不同桩型的施工工艺和成本存在差异,工程师需要根据工程的实际情况和施工条件,选择既满足技术要求又经济合理的桩型。例如,在某些施工条件受限或经济性要求较高的工程中,需要选择施工简便、成本较低的桩型。

(四)桩长与持力层确定

根据地质勘察所获取的地基土层物理力学性质资料,以及荷载计算中对桩基础所需承受荷载的精确分析,工程师需要综合考量多重因素,以确定桩的最佳长度和持力层的恰当位置。桩长的确定需确保桩端能够深入到承载性能良好的土层中,这是保证桩基础稳定性和承载能力的基础。在软弱土层中,桩长可能需要设计得更长,以便桩端能够穿越软弱层,达到更稳定的土层。而在硬土层中,虽然桩长可以相对较短,但仍需保证桩端有足够的嵌入深度,以确保桩基础的整体稳定性。持力层的选择则是基于土层承载力和压缩性的综合考量。持力层应优先选择承载力高、压缩性小的土层,以确保桩基础在承受上部结构荷载时能够保持稳定,并有效减小基础的整体沉降量。在实际工程施工中,工程师可能会遇到多层土的情况,此时需要综合考虑各土层的性质,选择最合适的土层作为持力层。

四、桩基础的施工技术

（一）预制桩施工

1.打入法及其技术特性与应用

打入法适用的地质条件范围较广，无论是软土、黏土还是砂土等土层，都可以通过调整打桩机的冲击能量和频率来实现有效的沉桩。然而，打入法也存在一定的局限性。由于打桩过程中会产生较大的噪声和振动，因此该方法对周围环境的影响相对较大，可能引发周边建筑物的振动、裂缝等问题，所以打入法更适用于对环境影响要求不高的场合，如远离居民区的工业厂房、仓库等建筑工程。

2.静压法及其技术特性与应用

与打入法相比，静压法具有显著的噪声和振动小的优点，因此更加适用于人口密集区或对环境要求较高的场合，如居民楼、学校、医院等建筑工程。静压法的施工过程相对平稳，不会对周边环境产生较大的扰动，有效保障了周边建筑物的安全和居民的生活质量。除了噪声和振动小的优点外，静压法还具有对土层适应性强、沉桩精度高等技术特性。由于静压法是通过静压力将桩压入土中，因此对土层的扰动较小，能够较好地保持土层的原始结构和承载力。同时，静压法还可以通过精确的控制系统来实现对沉桩深度和位置的精确控制，从而有效提高桩基础的施工质量和整体稳定性。

（二）灌注桩施工

1.钻孔灌注桩及其技术特性与应用

钻孔灌注桩是一种先钻孔至预定深度，随后进行清孔、放入钢筋笼并灌注混凝土的施工方法。该方法的主要优势在于其广泛的适用性，能够应对各种土层条件，尤其是软弱土层。通过钻孔，可以有效穿透土层，达到设计要求的深度，为后续的钢筋笼放置和混凝土灌注提供稳定的作业环境。清孔步骤则确保了钻孔内的清洁度，为混凝土灌注创造了良好的条件。钢筋笼的放入进一步增强了桩身的承载力和抗弯性能，使得钻孔灌注桩在承受上部结构荷载时表现出色。钻孔灌注桩的施工过程相对复杂，需要精确控制钻孔深度、清孔质量以及混凝土灌注的均匀性。

2.沉管灌注桩及其技术特性与应用

沉管灌注桩是利用沉管机将带有活瓣桩尖或预制钢筋混凝土桩靴的钢管沉入土中，然后灌注混凝土并拔管成桩的一种施工方法。该方法的核心优势在于其施工简便性，能够快速完成桩基础的施工任务。沉管机通过振动或锤击等方式将钢管沉入土中，形成桩孔。在沉管灌注桩的施工过程中需要注意控制拔管速度，以避免出现断桩等质量问题。拔管速度过快可能导致混凝土未能充分填充桩孔，形成空洞或断桩，会严重影响桩基础的承载力和整体稳定性。因此，在实际施工中，需要根据土层条件、混凝土性能以及施工经验等因素综合考虑，确定合理的拔管速度。

（三）其他施工技术

1.挖孔桩及其技术特性与应用

挖孔桩是一种通过人工或机械挖掘成孔，随后放入钢筋笼并灌注混凝土的施工方法。该方法的主要优势在于其适用性,特别适用于无水或少水的密实土层。在挖掘过程中,该方法可以精确控制孔径和孔深,为后续的钢筋笼放置和混凝土灌注提供稳定的作业环境。钢筋笼的放入进一步增强了桩身的承载力和抗弯性能,使得挖孔桩在承受上部结构荷载时表现出良好的稳定性和安全性。挖孔桩的施工过程相对灵活,可以根据实际土层条件和施工要求进行调整。然而,需要注意的是,在挖掘过程中应严格控制孔壁的稳定性,避免塌孔等安全事故的发生。此外,对于含水丰富或土层松软的场地,挖孔桩的施工难度和风险会相应增加,因此需要谨慎选择施工方法。

2.振动沉管桩及其技术特性与应用

振动沉管桩则是利用振动锤将钢管沉入土中,然后灌注混凝土并拔管成桩的一种施工方法。振动锤通过高频振动将钢管迅速沉入土中,形成桩孔。这种施工方法不仅提高了施工效率,还有效减少了人力和物力的投入。然而,振动沉管桩的施工过程中需要注意振动对周围环境的影响。由于振动锤在工作时会产生较大的振动和噪声,可能对周边建筑物和居民生活造成一定的干扰。

第三节 砌筑工程

一、定义与概述

砌筑工程,亦称为砌体工程,在建筑工程领域中扮演着至关重要的角色。它主要利用一系列多样化的块材,包括但不限于普通黏土砖、承重黏土空心砖、蒸压灰砂砖、粉煤灰砖、混凝土小型空心砌块以及石材等,结合水泥砂浆、水泥混合砂浆等黏结材料,通过精心设计和严格实施的砌筑工艺,构建出墙体、柱、基础、过梁等一系列承担结构功能的重要部件。这一工程技术的核心在于如何科学地选择材料、合理地安排施工顺序以及精准地控制施工质量,以确保所构筑的结构体能够满足设计要求,并在实际使用中展现出良好的稳定性和耐久性。砌筑工程的质量是建筑工程整体安全性和耐久性的关键影响因素之一。优质的砌筑工程能够有效地抵抗外部荷载,保护建筑内部空间,同时提供良好的隔热、隔音性能,为居住者创造舒适的生活环境。反之,如果砌筑工程质量不过关,就可能导致墙体开裂、结构变形等一系列严重问题,不仅影响建筑物的美观性,更可能对使用者安全构成威胁。

二、材料特性

(一)块材

1.烧结普通砖

烧结普通砖块主要以黏土、页岩、煤矸石或粉煤灰等为原料,通过成形、干燥及焙烧等一系列工艺加工而成。这一过程中,原料经过高温作用发生物理化学变化,形成具有稳定结构和优良性能的烧结制品。根据强度等级的不同,烧结普通砖可细分为 MU7.5、MU10、MU15、MU20 等多个级别,以适应不同砌筑工程的需求。其规格尺寸通常为 240 mm×115 mm×53 mm,这一标准化设计便于施工操作,保证了砌筑工程的整体性和美观性。烧结普通砖之所以在砌筑工程中广泛应用,主要得益于其成本低廉和性能稳定的双重优势。相较于其他类型的砌筑材料,烧结普通砖的生产成本相对较低,且原料来源广泛,使得其在大量建筑项目中具有显著的经济性。同时,该类型砖块具有良好的抗压强度、耐久性和保温隔热性能,能够满足不同气候条件和使用环境下的砌筑需求。

2.多孔砖与烧结多孔砖

多孔砖与烧结多孔砖作为现代砌筑工程中的重要材料,以其独特的结构特征和广泛的应用前景而备受关注。这类砖块的设计特点在于孔洞小而数量多,这种结构不仅减轻了砖块的自重,还提高了材料的保温隔热性能,使得其在承重部位的应用中展现出显著的优势。根据抗压强度的不同,多孔砖与烧结多孔砖被划分为MU30、MU25、MU20、MU15、MU10五个等级,以满足不同工程项目对材料强度的具体需求。多孔砖与烧结多孔砖之所以在承重部位得到广泛应用,主要得益于其优异的力学性能和保温隔热效果。其孔洞设计不仅优化了材料的重量与强度比,还通过减少热桥效应,有效提高了建筑物的保温隔热性能,降低了能耗。此外,这类砖块还具有良好的吸声性能和耐火性能,进一步提升了其在现代建筑中的应用价值。在生产工艺方面,多孔砖与烧结多孔砖采用了先进的成形和焙烧技术,确保了材料的一致性和稳定性。

3.混凝土小型空心砌块

根据其使用功能和材料特性的不同,混凝土小型空心砌块主要可分为普通型、装饰型及轻骨料型三大类,每种类型都具备独特的性能和用途,以满足不同工程项目的需求。在规格尺寸方面,混凝土小型空心砌块的主规格通常为 390 mm×190 mm×190 mm 至 390 mm×190 mm×90 mm 不等,这种多样化的尺寸设计为其在砌筑工程中的灵活应用提供了便利。混凝土小型空心砌块的显著特点之一是其空心率较高,通常在 25%~50% 之间。这一结构特征不仅减轻了砌块的自重,还提高了材料的保温隔热性能和隔声性能,使其在非承重部位的应用中具有显著的优势。相较于传统的实心砌块,混凝土小型空心砌块在减轻建筑物自重、降低能耗以及提高居住舒适度等方面均表现出更加优越的性能。在实际应用中,混凝土小型空心砌块凭借其良好的施工性能和经济的材料成本,在非承重部位的砌筑工程中得到了广泛的应用。

4.石材

根据加工方式和形状特征的不同,石材主要可分为料石与毛石两大类。料石是经过精细加工的石块,其形状规则、表面平整,尺寸和形状均按照特定的工程要求进行切割和打磨。这种加工方式赋予了料石良好的力学性能和外观质量,使其在建筑物的墙体、柱础等关键部位得到广泛应用。料石的使用不仅提高了砌筑工程的整体性和美观性,还有效增强了结构体的稳定性和耐久性。与料石相比,毛石则呈现出形状不规则的特点。毛石的外观粗糙,表面未经精细加工,但其天然的石质和坚固的结构使其在某些特定工程中具有独特的优势。尽管毛石的形状和尺寸存在较大的差异,但其低廉的成本和良好的物理性能使其在砌筑工程中仍占有重要地位。特别是在挡土墙等构筑物的建设中,毛石因其良好的抗压性能和抗风化能力而得到广泛应用。毛石的使用不仅有效降低了工程成本,还充分利用了自然资源,体现了砌筑工程的经济性和可持续性。

(二)砂浆

1.水泥砂浆

水泥砂浆材料主要由水泥、细骨料(通常为洁净的天然砂)以及适量的水按照严格的配比混合而成。在配制过程中,水泥作为胶凝材料,通过水化反应形成坚固的结晶体,为砂浆提供必要的强度和稳定性;细骨料则作为填充物,增加砂浆的体积并改善其工作性能;而水则作为介质,促进水泥的水化过程,并确保砂浆具有良好的可塑性。水泥砂浆之所以在砌筑工程中广泛应用,主要得益于其较高的强度和优异的黏结力。通过合理的配合比设计和严格的施工工艺控制,水泥砂浆能够形成致密、均匀的黏结层,将砖块、石材等砌筑材料牢固地黏结在一起,形成一个整体性能良好的结构体。同时,水泥砂浆还具有良好的耐久性和抗渗性,能够在恶劣的环境条件下保持稳定的性能,有效抵抗外部侵蚀和破坏。

2.水泥混合砂浆

水泥混合砂浆,作为一种在水泥砂浆基础上进行改性的砌筑材料,通过掺入特定的掺加料,如石灰膏、粉煤灰等,实现了对砂浆和易性和保水性的显著提升。这种改良不仅优化了砂浆的施工性能,还进一步增强了其黏结效果和耐久性,使得水泥混合砂浆在砌筑工程中展现出更加广泛的应用潜力。掺加料的引入对水泥混合砂浆的性能产生了显著影响。石灰膏的加入,可以有效调节砂浆的酸碱度,提高其和易性,使得砂浆在施工过程中更加易于铺展和压实,从而提高了砌筑效率。同时,石灰膏还能与水泥中的氢氧化钙反应,生成具有更强黏结力的化合物,进一步增强了砂浆的黏结效果。粉煤灰的掺入则主要改善了砂浆的保水性。粉煤灰中的微细颗粒能够填充砂浆中的孔隙,形成更加致密的微观结构,从而有效减少了砂浆中的水分蒸发,提高了保水性。这一改性不仅使得砂浆在干燥环境下能够保持较好的工作性能,还进一步增强了砂浆的耐久性和抗裂性。

三、施工方法

(一)准备工作

准备工作涵盖了施工机具的筹备、材料的严格检验与合理堆放,以及科学施工方案的制定等多个关键环节。施工机具作为砌筑作业的基础工具,其准备工作的充分与否直接关系到施工效率与质量。因此,在施工前必须对所需机具进行全面检查与维护,确保其处于良好的工作状态,以满足砌筑工程的实际需求。材料的检验与堆放同样不容忽视。砌筑工程所需的材料种类繁多,包括砖块、砂浆等,每种材料的质量都直接影响到工程的整体质量。因此,在施工前必须对材料进行严格的检验,确保其符合相关标准与规范。同时,合理的材料堆放也是提高施工效率、保障施工安全的重要环节。通过合理的堆放方式,不仅可以减少材料的损耗,还能为施工过程的顺利进行提供有力保障。施工方案的制定是准备工作的核心。一个科学、合理的施工方案能够确保砌筑工程的有序进行,提高施工效率与质量。在制定施工方案时,需要充分考虑工程的实际情况、施工条件、工期要求等多个因素,制订出切实可行的施工计划。同时,施工方案还应包括应急预案的制定,以应对施工过程中可能出现的各种突发情况,确保工程的顺利进行。

(二)摆砖撂底

摆砖撂底核心在于根据设计图纸和现场实际情况,精心确定砖块的排列方式。这一过程不仅要求技术人员具备深厚的专业知识,还需充分考虑施工现场的实际条件,以确保砖块排列的合理性与高效性。通过摆砖撂底,可以有效减少砍砖现象,进而降低材料损耗,提高资源利用效率。同时,合理的砖块排列还能保证灰缝的均匀性,提升砌筑工程的整体美观度和结构稳定性。在实施摆砖撂底时,技术人员需对设计图纸进行深入分析,准确理解设计意图,并结合现场实际情况,如墙体尺寸、砖块规格等,制定出切实可行的砖块排列方案。这一过程中,还需充分考虑灰缝的宽度和均匀性,以确保砌筑工程的质量符合相关标准与规范。此外,摆砖撂底还要求技术人员具备丰富的实践经验和敏锐的市场洞察力。在实践中,技术人员需不断总结经验,探索更为高效、合理的砖块排列方式。同时,随着新型砖块和砌筑技术的不断涌现,技术人员还需保持敏锐的市场洞察力,及时了解并掌握新技术、新工艺,以不断提升砌筑工程的施工效率与质量。

(三)立皮数杆

立皮数杆是在墙体转角处或按照预定的间距,在墙体上垂直树立起的一种标志性杆件。这一杆件的主要功能在于精确控制砌体的标高以及灰缝的厚度,从而确保整个墙体的垂直度、平整度和稳定性。在实际施工过程中,立皮数杆的设立需要经过精心的计算和规划。技术人员需要根据设计要求和施工规范,确定皮数杆的具体位置、数量和高度,以确保其能够有效地控制砌体的标高和灰缝厚度。同时,皮数杆的材质和规格也需要经过严格的选择和检验,以确保其能够承受施工过程中的各种荷载和作用力,保持稳定的垂直状态。立皮数杆的施工过程需要严谨的操作和细致的观察。技术人员需要在施工过程中不断检查皮数杆的稳定性和垂直度,及时发现并纠正任何可能的偏差或错误。同时,他们还需要根据皮数杆的指示,精确控制砌体的标高和灰缝厚度,确保每一层砌体都能够达到设计要求的质量和标准。

（四）挂线砌砖

挂线砌砖的核心在于利用水平线和垂直线作为控制手段,以确保砌体的平面位置和垂直度达到设计要求。这一技术不仅要求施工人员具备高度的专业技能和严谨的工作态度,还需要他们充分理解设计意图,并能够将其准确转化为实际施工操作。在挂线砌砖过程中,水平线的设置是关键步骤之一。通过在水平方向上拉设紧绷的细线,施工人员可以确保每一层砖块都保持在同一水平面上,从而有效避免砌体出现倾斜或凹凸不平的情况。同时,垂直线的设置也至关重要。通过在墙体两侧或转角处设立垂直线,施工人员可以精确控制砌体的垂直度,确保墙体在竖直方向上保持笔直。挂线砌砖技术的实施需要施工人员具备丰富的实践经验和敏锐的空间感知能力。他们需要根据水平线和垂直线的指示,不断调整砖块的位置和角度,以确保每一块砖都能够与相邻砖块紧密贴合,形成平整、美观的砌体表面。此外,施工人员还需要密切关注砌体的整体稳定性和安全性,确保施工过程中不会出现倒塌或开裂等安全隐患。

（五）勾缝

在砌体砌筑完成后,灰缝中往往会残留多余的砂浆或其他杂质,这不仅影响了砌体的外观整洁度,还可能成为水分渗透的通道,从而降低砌体的防水性能。因此,进行勾缝处理是十分必要的。勾缝的主要目的是清理灰缝中的杂质,并对灰缝进行整形和加固,以提升其密实度和防水性能。在具体的施工过程中,施工人员需首先使用专业的工具对灰缝进行清理,彻底去除其中的砂浆残渣、灰尘和其他杂质。随后,他们会利用特制的勾缝工具对灰缝进行细致的勾填,确保灰缝的形状规整、宽度均匀。此外,勾缝处理还能显著增强砌体的美观性。通过精心的勾缝,可以使灰缝的颜色、质地和形状与砌体砖块相协调,从而提升砌体的整体视觉效果。同时,勾缝还能有效掩盖砌体砖块之间的不平整和缝隙,使砌体表面更加平整、光滑。

第二章 建筑工程项目组织管理

第一节 建筑工程项目组织形式

一、直线制组织形式

直线制组织形式作为一种传统的项目管理形式,其核心特征体现在组织结构简单明了、权责划分清晰以及指挥体系的统一性。在这种组织形式下,项目经理被赋予了绝对的权力,成为项目资源调配与管理的核心枢纽。项目经理能够直接对项目团队成员进行指挥和协调,确保项目按照预定的计划和目标顺利推进。这种集权化的管理方式,使得决策过程迅速,执行效率高效,尤其适用于规模较小、技术难度相对较低的工程项目。直线制组织形式在小型或简单工程项目中的优势显而易见。由于组织结构相对扁平,信息传递和反馈的速度较快,有助于项目经理及时掌握项目进展情况,并做出迅速而准确的决策。同时,权责分明的特点也使得项目团队成员能够明确各自的工作职责和范围,减少了工作交叉和重复劳动的现象,提高了工作效率。此外,指挥体系的统一性确保了项目指令的一致性和执行力,有助于项目目标的顺利实现。然而,随着项目规模的扩大和复杂度的增加,直线制组织形式的局限性也逐渐显现出来。一方面,由于项目经理拥有绝对的权力,可能导致决策过程过于集中,缺乏多元化的意见和建议,影响了决策的科学性和合理性。另一方面,随着项目团队规模的扩大和跨部门协作的增多,直线制组织形式下的沟通成本和协调难度也随之增加。项目经理可能难以全面了解和掌握各个部门与团队的工作情况,导致信息传递不畅和协作效率低下。图 2-1 为直线制组织结构。

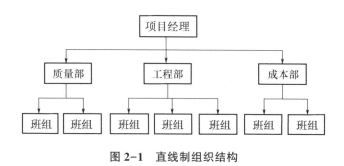

图 2-1　直线制组织结构

二、职能制组织形式

职能制组织形式是基于专业分工原则而构建的一种项目管理形式,其核心在于设立一系列职能部门,每个部门在项目经理的统一领导下,专注于各自领域内的专业工作。这种组织形式体现了管理业务的专业化倾向,旨在通过专业分工提升工作质量和效率。在职能制下,各部门能够充分发挥其专业优势,对项目中的特定任务进行深入研究和管理,从而确保工作的专业性和精准度。然而,职能制组织形式也存在着一系列明显的缺点。一个问题是职能部门之间的横向联系相对较弱。由于各部门主要关注自身领域的工作,可能导致部门间沟通不畅,信息孤岛现象严重。这种情况下,项目中的某些任务可能会出现交叉和重复,不仅浪费了资源,还可能引发部门间的冲突和矛盾。另一个值得关注的问题是多头领导的存在。在职能制组织形式中,项目经理和各部门经理都可能对项目团队产生领导作用,这种多头领导的情况可能导致项目管理中的指令混乱和决策效率低下。项目经理在协调各部门工作时可能面临诸多困难,而部门经理则可能因对项目的整体目标理解不足而做出与项目大局相悖的决策。图2-2是职能制组织结构。

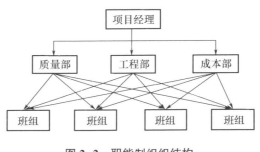

图2-2 职能制组织结构

三、矩阵制组织形式

矩阵制组织形式作为一种创新的项目管理方式,巧妙地融合了直线制与职能制的核心要素,旨在构建一个既保留职能部门专业化管理优势,又能够加强项目管理横向联系的组织结构。该形式通过设立专门的项目管理部门或项目经理部,实现了对项目资源的统一调配和跨部门协作的有效促进。矩阵制组织形式的显著特点在于其组织结构的灵活性和目标的明确性,这使得它特别适用于那些需要同时承担多个项目,且项目之间资源需共享的情况。矩阵制组织形式的优势在于它能够有效整合各职能部门的专业资源,确保项目团队能够迅速获得所需的专业支持。同时,设立项目管理部门,可以更加明确项目的目标和任务,提高项目管理的针对性和有效性。此外,矩阵制组织形式还能够促进资源共享,避免资源的重复配置和浪费,提高资源利用效率。图 2-3 矩阵制组织结构。

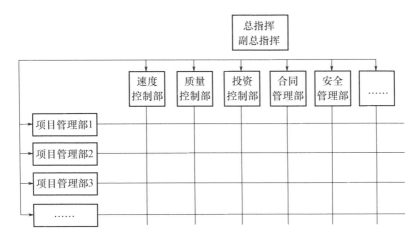

图 2-3 矩阵制组织结构

四、事业部制组织形式

事业部制组织形式作为一种高度分权化的组织结构模式,其核心特征在于将企业整体划分为若干个相对独立且自主经营的事业部。每个事业部均拥有明确的产品线和市场定位,并承担起相应的利润责任。这种组织形式在项目管理领域同样具有显著的应用价值,尤其在处理大型、跨地区、多元化的工程项目时,事业部制组织形式能够充分展现其优势。在事业部制下,项目经理被赋予了更大的自主权和管理权,这使得他们能够更灵活地应对市场的快速变化和客户的多样化需求。事业部作为独立的经营单位,能够迅速调整策略,优化资源配置,以更高效地满足市场需求和实现项目目标。同时,由于事业部内部成员对各自领域的深入了解和专注,项目团队的整体专业能力和响应速度也得到了显著提升。图 2-4 是事业部制组织结构。

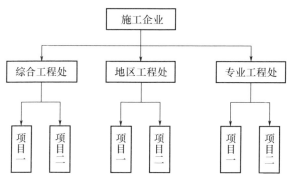

图 2-4 事业部制组织结构

第二节 项目经理与项目团队建设

一、项目经理的角色与职责

(一)项目规划与执行

项目经理在项目启动之初,便需着手制订一套详尽而周密的项目计划,计划不仅应涵盖明确的时间表,以确保各阶段任务能够有序且按时推进,还应包括详尽的预算规划,以合理分配和监控项目资金的使用情况。此外,资源分配亦是项目规划中的关键环节,项目经理需根据项目需求,科学调配人力、物力等各类资源,以确保项目执行的顺利进行。在项目执行过程中,项目经理的角色更显得尤为重要。他们不仅需要持续监控项目的实际进展,确保各项工作严格按照预定计划进行,还需具备敏锐的洞察力,及时发现并应对潜在的风险与挑战。为此,项目经理需建立一套有效的监控机制,通过定期收集项目数据、分析进展趋势,以及时识别任何偏离计划的情况。一旦发现潜在风险或实际进展与计划存在偏差,项目经理须迅速做出反应,对原有计划进行必要的调整。这种动态调整机制是确保项目能够灵活应对各种变化和挑战,最终实现预定目标的关键。在调整过程中,项目经理需综合考虑时间、预算、资源等多种因素,制定出最为合理且有效的应对方案。

(二)资源调配与管理

项目经理在项目执行过程中被赋予调配并管理项目所需的人力、资金、物资和设备等生产要素的权力,以确保项目能够顺利进行并达到预期目标。这一职能要求项目经理具备全面的资源观和精湛的调配技巧。在资源调配方面,项目经理需要深入了解项目需求,准确预测各阶段对资源的需求量和需求类型。他们要根据项目的实际情况,制订科学的资源调配计划,确保资源在时间和空间上的合理分配。同时,项目经理还要关注资源的可获得性和成本效益,以最优的方式获取和利用资源。在资源管理方面,项目经理需要建立一套完善的资源管理体系,包括资源的申请、审批、分配、使用和回收等各个环节。他们要确保资源的有效利用,避免浪费和损失,提高资源的利用效率。同时,项目经理还要对资源的使用情况进行监控和评估,及时发现并解决资源管理中存在的问题。通过合理的资源调配与科学的管理策略,项目经理能够有效地提高资源的利用效率,降低项目成本,确保项目的顺利进行。他们要在资源有限的情况下,通过优化资源配置,实现项目目标的最大化。这不仅需要项目经理具备深厚的专业知识和丰富的实践经验,还需要他们具备创新思维和敏锐的市场洞察力。

(三)沟通与协调

项目经理在项目执行过程中,不仅承担着计划、组织、领导和控制等职能,还扮演着项目内外部沟通与协调的重要角色。对内而言,项目经理是项目团队内部成员之间的桥梁,负责协调团队成员之间的工作,以确保项目任务能够高效、有序地完成。这需要项目经理具备敏锐的洞察力和出色的协调能力,能够及时发现并解决团队内部可能出现的冲突和问题,促进团队成员之间的良好合作与沟通。对外而言,项目经理则是项目团队与外部利益相关者之间的主要接口。他们需要与业主、监理、供应商等各方进行有效沟通,确保项目信息能够准确、及时地传递和交流。这要求项目经理具备出色的沟通技巧和交际手腕,能够在复杂多变的外部环境中维护项目建设方的利益,同时与外部利益相关者建立良好的合作关系。通过有效的沟通与协调,项目经理能够确保项目内外部信息的畅通无阻,为项目的顺利进行提供有力保障。他们需要在项目团队内部建立一个开放、透明的沟通环境,鼓励团队成员积极分享信息和经验,共同解决项目中的问题。

二、项目团队建设

(一)项目团队的建设目的

项目团队建设作为项目管理中的核心环节,其核心目的就是要使项目团队所有成员"心往一处想,劲往一处使",形成一种协同合作的合力,进而使项目团队能够真正成为一个紧密相连、高效运作的整体。这种团队建设并非一蹴而就,而是一个随着项目进展而持续不断进行的过程,它要求项目经理和项目团队的每一个成员都积极参与其中,共同承担责任。在项目团队建设的实践中,创造一种开放和自信的氛围是至关重要的。这种氛围能够鼓励团队成员坦诚交流、分享知识和经验,同时也能够让他们在面对挑战和困难时保持积极的心态和坚定的信心。在这样的氛围中,团队成员更容易产生归属感,他们会更愿意为团队的成功和项目的目标付出努力。为了实现这一目标,项目经理需要采取一系列有效的措施来推动团队建设。首先,要明确团队的目标和使命,确保每个成员都对团队的方向和愿景有清晰的认识。其次,要建立有效的沟通机制,鼓励团队成员之间的开放沟通和协作,确保信息的畅通无阻。同时,项目经理还需要关注团队成员的个人发展和成长,为他们提供必要的培训和支持,帮助他们提升能力和实现自我价值。

(二)项目团队的核心

项目经理作为项目团队的核心,其角色不仅仅是管理者,更是团队的领导者和示范者。在项目执行过程中,项目经理应起到示范和表率作用,通过自身的言行和素质,为团队成员树立榜样,以此调动广大成员的工作积极性和向心力。项目经理的言行举止对团队成员具有深远的影响。一个优秀的项目经理应该以身作则,展现出高度的专业素养、责任感和敬业精神。他们应该以实际行动践行项目的价值观和使命,确保团队成员能够清晰地看到并了解这些核心价值观在实际工作中的体现。除了言行示范,项目经理还需要具备出色的领导素质,这包括良好的沟通能力、决策能力、解决问题的能力以及情绪智力等。这些素质使得项目经理能够有效地与团队成员沟通,理解他们的需求和关注点,并做出明智的决策。同时,项目经理还需要有能力在压力下保持冷静,处理各种突发情况,确保项目的顺利进行。在团队建设方面,项目经理应善于用人和激励进取。他应该了解每个团队成员的优势和潜力,并为他们提供合适的发展机会和挑战。通过合理的任务分配和角色定位,项目经理可以激发团队成员的积极性和创造力,使他们能够在项目中充分发挥自己的才能。此外,项目经理还需要建立一些有效的激励机制,以鼓励团队成员不断进取和追求卓越。这些激励机制可以包括奖励制度、晋升机会以及提供持续的学习和发展机会等。通过这些激励措施,项目经理可以进一步增强团队成员的向心力,促进团队的凝聚力和整体效能的提升。

(三)项目团队的建设要点

配备一个合格的项目经理和一批具备专业素养的团队成员,并持续提升他们的综合素质,是构建高效项目团队的基础。项目经理作为团队的领航者,需具备卓越的领导力和管理能力,而团队成员则需拥有与项目相关的专业技能和良好的团队协作精神。设计合理的团队组织结构形式和运行规则对于项目团队的顺畅运作至关重要。这包括明确团队成员的角色与职责,建立有效的沟通机制,以及制定科学的决策流程等。这些措施可以确保团队在面临各种挑战时能够迅速做出响应,并保持高效的工作状态。进行有效的人力资源管理也是项目团队建设不可忽视的一环,这包括人才的选拔、培训、激励与保留等方面。科学的人力资源管理可以激发团队成员的积极性和创造力,提升他们的满意度和忠诚度,从而为项目的成功提供有力的人才保障。此外,建立与项目管理相适应的团队文化也是至关重要的。团队文化应强调创新、协作、责任与卓越等核心价值观,这些价值观能够引导团队成员的行为和态度,增强他们的归属感和使命感。创造和谐、协调的工作氛围是项目团队建设的必要条件。这要求项目经理关注团队成员的情感需求,尊重他们的个性和差异,通过有效的沟通和团队建设活动来增进彼此之间的了解和信任。在这样的氛围中,团队成员能够更加愉悦地工作,为项目的成功贡献自己的力量。

三、项目团队建设的重要性

(一)提升项目执行力

一个高效的项目团队,其核心在于具有明确的目标和分工,各成员能够各司其职、协同工作。这种高效协同不仅有助于优化资源配置,还能显著提升项目执行力,确保项目按计划有序推进。构建高效项目团队的首要任务是明确项目目标。这不仅包括项目的整体目标,还应涵盖各阶段的具体目标。通过将这些目标细化为可操作的任务,并为每个任务分配明确的责任人和时间节点,确保团队成员对项目有清晰的认识和共同的努力方向。在分工方面,高效项目团队注重根据成员的专业能力和特长进行合理分工。这种分工不仅有助于提高工作效率,还能激发团队成员的积极性和创造力。同时,团队内部的沟通和协作机制也是至关重要的。通过定期的会议、报告和沟通渠道,团队成员可以及时了解项目进展,共享信息,协调资源,共同解决问题。此外,高效项目团队还注重培养成员之间的信任和合作精神。在团队建设中,通过团建活动、培训和学习机会,增强凝聚力和归属感,提高团队的整体执行力。当团队成员能够相互支持、互补优势时,项目的执行力将得到显著提升。

（二）增强团队凝聚力

团队凝聚力源于成员之间的信任与合作,通过共同的目标和使命得以强化。这种凝聚力不仅有助于营造积极向上的团队氛围,还能激发团队成员的积极性和创造力,进而提高团队的整体战斗力。信任是团队建设的基石。在团队中,成员之间的相互信任能够促进开放、坦诚的沟通,减少误解和冲突。当团队成员相信彼此的能力和意图时,他们更愿意分享知识、经验和资源,共同为团队的目标努力。这种信任关系为团队合作奠定了坚实的基础。合作则是团队凝聚力的体现。在共同的目标和使命引领下,团队成员能够协同工作,互补优势,共同应对挑战。通过合作,团队成员可以相互学习、相互支持,共同成长。这种合作精神不仅提高了团队的工作效率,还增强了团队成员之间的情感联系。共同的目标和使命是增强团队凝聚力的关键。当团队成员对团队的目标和使命有清晰的认识和认同感时,他们会更加积极地投入到团队的工作中。这种共同的目标和使命能够激发团队成员的责任感和使命感,促使他们为团队的成功付出更多的努力。

（三）促进知识共享与创新

由于项目团队通常由具有不同专业背景和技能的成员组成,这种多元化为知识共享和创新提供了丰富的资源。知识共享在团队建设中扮演着至关重要的角色。它鼓励团队成员之间相互学习,通过分享专业知识、经验和最佳实践,提升个人能力和团队整体的知识水平。知识共享不仅有助于解决项目执行过程中的具体问题,还能促进团队成员之间的沟通和协作,增强团队的凝聚力。创新则是项目团队持续进步和发展的重要驱动力。在团队建设中,通过鼓励团队成员提出新的想法、探索新的解决方案,团队能够不断突破传统思维束缚,提高项目执行效率和质量。创新不仅要求团队成员具备创造力和批判性思维,还需要团队提供足够的支持和资源,以确保创新想法得以实施和验证。为了促进知识共享与创新,团队建设需要采取一系列策略。首先,建立开放、包容的团队文化,鼓励团队成员积极分享知识和经验。其次,提供多样化的培训和学习机会,帮助团队成员不断提升自己的专业能力和创新思维。最后,设立创新激励机制,对提出创新想法并成功实施的团队成员给予奖励和认可。

第三节 建筑工程项目组织协调

一、组织协调的定义与重要性

组织协调,在建筑工程项目中,是一项至关重要的管理活动。它通过构建有效的信息交流和资源共享网络,使得项目的各个参与方——设计团队、施工单位、材料供应商等——能够形成一个统一、有序的工作体系。这种协调不仅涉及技术细节的对接,更包括管理策略的制定与执行,以确保项目的各个环节能够紧密衔接,高效推进。在建筑工程项目的实施过程中,组织协调的核心目标是实现项目的整体优化,这包括对项目进度、质量和成本的综合把控。通过精准的资源调度和任务分配,可以最大程度地减少资源浪费,提高工作效率,从而在预定的时间内,以最优的质量和最合理的成本完成项目。特别是在大型、复杂的建筑工程项目中,组织协调的作用更为突出。这类项目往往涉及多个专业领域和众多参与方,每个方面都需要精细的对接与管理。任何一个环节的失误都可能导致整体项目的延误或成本的上升。因此,组织协调不仅关乎单一环节的效率,更是项目全局成功与否的关键因素。此外,组织协调还涉及项目风险管理。通过对各参与方的有效整合,可以及时发现并解决潜在的问题,从而降低项目风险。这种全方位、多层次的管理策略,使得组织协调在建筑工程项目中占据了举足轻重的地位。它不仅影响着项目的日常运作,更直接关系到项目的最终结果,包括是否能在预定的时间内完成,是否达到预期的质量标准,以及是否能在预算内实现所有目标。

二、组织协调的范围和层次

(一)内部组织协调

1.项目团队内部的协调

在建筑工程项目中,项目团队内部的协调是确保项目顺利进行的基础。项目经理作为团队的核心,肩负着确保团队成员之间信息交流畅通的重要任务。为实现这一目标,项目经理需精心设计沟通策略,明确信息传递的路径和方式,以减少信息在传递过程中的衰减和失真。这种沟通不仅应涵盖日常的工作进展,还应包括团队成员遇到的问题、需要的支持以及创新的想法等。合理分配工作任务是项目团队内部协调的又一关键环节。项目经理需要根据团队成员的专长、经验和可用资源,进行任务分配,确保每项工作都能由最合适的人选承担。这种分配不仅应考虑到任务的性质和要求,还应兼顾团队成员的个人发展和工作满足感,从而激发其工作积极性和创造性。团队内部的冲突和问题是不可避免的,项目经理需要具备及时发现和处理这些问题的能力。通过采用开放、包容的态度,积极倾听团队成员的意见和建议,项目经理可以化解矛盾,增强团队的凝聚力和向心力。为了保持团队成员之间的工作同步,定期的团队会议和工作汇报是必不可少的。这些活动不仅为团队成员提供了一个交流和学习的平台,还有助于项目经理全面了解项目的进展情况和团队成员的工作状态,从而做出更为精准和及时的决策。

2.部门间的协调

在建筑工程项目中,设计、施工、采购等部门之间的紧密合作是项目成功的关键。这些部门各自承担着不同的职责,但共同构成了项目的整体框架。因此,项目经理需要建立一套有效的沟通机制,以促进各部门之间的信息共享和协同工作。设计部门提供项目的设计方案和施工图纸,是项目实施的基石。施工部门则负责将这些设计方案转化为实体建筑,其工作质量和进度直接影响到项目的最终结果。采购部门则负责材料和设备的采购工作,其选择的材料和设备的质量、价格以及供货时间都对项目的成本和进度有着重要影响。为确保这些部门能够高效协作,项目经理需要明确各部门的职责和接口,制订详细的工作流程和计划。同时,通过定期的跨部门会议和信息共享平台,项目经理可以及时了解各部门的工作进展和问题,协调解决跨部门之间的冲突和矛盾。这种协调不仅应关注各部门当前的工作状态,还应考虑到项目整体的长远发展,从而确保各部门能够在统一的目标下形成合力,共同推进项目的顺利实施。

(二)外部组织协调

1.与业主的协调

在建筑工程项目中,与业主的协调是项目成功的关键因素之一。项目经理作为项目的核心管理者,必须与业主保持密切且有效的沟通,以确保项目的目标与业主的期望和利益高度一致。这种沟通不仅仅局限于项目的初期阶段,还应贯穿项目的始终。在项目启动阶段,项目经理需要与业主进行深入的需求分析,明确项目的范围、质量、成本和时间等方面的要求。通过详细的讨论和确认,可以确保项目团队对业主的真实需求有准确的理解,为后续的工作奠定坚实的基础。随着项目的推进,项目经理应定期向业主报告项目的进展情况,包括已完成的工作、遇到的问题以及后续的计划等。这种透明的沟通方式可以增强业主对项目的信心,同时也便于业主及时提出意见和建议,使项目团队能够根据实际情况进行调整和优化。此外,当项目中出现变更需求或不可预见的问题时,项目经理应迅速与业主沟通,共同商讨解决方案。这种灵活性和响应速度对于维护业主的利益和确保项目的顺利进行至关重要。

2. 与供应商的协调

在建筑工程项目中,与材料供应商和设备供应商的协调同样不容忽视。项目经理需要与这些供应商建立良好的合作关系,确保项目的物资供应链稳定可靠。首先,项目经理应与供应商明确材料和设备的规格、质量、数量以及交货时间等关键信息。通过签订详细的采购合同,可以保护双方的权益,减少后续纠纷发生的可能性。其次,项目经理需要密切关注供应商的生产和运输进度,确保材料和设备能够按照合同规定的时间节点准时到达施工现场。同时,对于可能出现的延误或质量问题,项目经理应与供应商及时沟通,共同寻找解决方案。最后,项目经理还应对供应商的服务质量进行定期评估,以便及时调整合作策略,确保项目的顺利进行。

3.与监理单位的协调

　　监理单位在建筑工程项目中扮演着重要的角色,他们负责对项目的质量、进度和安全等方面进行全面的监督和管理。因此,项目经理与监理单位的协调也显得尤为重要。项目经理需要向监理单位提供详细的项目计划和进度安排,以便监理单位能够全面了解项目的实施情况。同时,对于监理单位提出的问题和建议,项目经理应给予高度重视,并及时组织团队成员进行整改和优化。在项目实施过程中,项目经理还应定期与监理单位召开沟通会议,共同讨论项目的进展情况和遇到的问题。通过这种方式,可以确保项目的合规性,提高项目的整体质量,并降低潜在的风险。表2-1是项目组织协调的范围和层次。

表2-1　项目组织协调的范围和层次

协调范围		协调关系	协调对象
内部关系		领导与被领导关系业务工作关系与专业公司有合同关系	项目经理部与企业之间项目经理部内部部门之间、人员之间项目经理部与作业层之间作业层与作业层之间
外部关系	近外层	直接或间接合同关系,或服务关系	本公司、业主、监理单位、设计单位、供应商、分包单位等
	远外层	多数无合同关系,但要受法律法规和社会公德等约束	企业、项目经理部与政府、环保、交通、环卫、绿化、文物、消防、公安等

三、项目组织内部关系的协调

　　项目组织内部关系的协调是项目管理中的核心环节,它涵盖了多个层面。首先是项目组织内部人际关系的协调,这涉及团队成员之间的沟通与互动,旨在建立和谐的工作氛围,提高团队协作效率。其次是项目组织内部组织关系的协调,这要求对不同部门和团队进行合理的资源配置和任务分配,以确保项目各阶段的顺利推进。再次,项目组织内部供求关系的协调要求对项目所需资源和实际供给进行精准匹配,以避免资源浪费或短缺。最后,项目组织内部经济制约关系的协调要求关注项目预算与实际支出的平衡,确保项目在经济效益上达到最优。这些协调工作共同构成了项目组织内部关系协调的完整框架,为项目的成功实施提供了坚实保障。具体见表 2-2。

表 2-2　项目组织内部关系的协调

协调关系		协调内容与方法
人际关系	项目经理与下层关系	坚持民主集中制,执行各项规章制度
	职能人员之间的关系	开展人际交流、沟通,增强了解、信任与亲和力
	职能人员与作业人员之间	运用激励机制,调动人的积极性
	作业人员之间	加强思想政治工作,做好培训教育,提高人员素质,发生矛盾时,进行调解、疏导,缓和利益冲突
组织关系	纵向层次之间、横向部门之间的分工协作和信息沟通关系	按职能划分,合理设置组织结构(机构);以制度形式明确各机构之间的关系和职责权限;编制工作流程图,建立信息沟通制度;以协调方法解决问题,缓冲、化解矛盾

续表2-2

协调关系		协调内容与方法
供求关系	劳动力、材料、机械设备、资金等供求关系	通过计划协调生产需求与供应之间的平衡关系； 通过调度体系，开展协调工作，排除干扰； 抓住重点、关键环节，调节供需矛盾
经济制约关系	管理层与作业层之间	以合同为依据，严格履行合同； 管理层为作业层创造条件，保护其利益； 作业层接受管理层的指导、监督、控制； 定期召开现场会，及时解决施工中存在的问题

第三章　建筑工程施工管理

第一节　建筑工程进度控制

建筑工程进度控制,简而言之,就是在工程项目实施过程中,根据已经审批的工程进度计划,采用科学的方法对工程的实际进度进行定期的跟踪和检查。这一过程的核心在于对比原定计划与实际进度的差异,进而分析和评估造成这些差异的各种因素。对于不可避免的因素,如自然灾害、政策变动等,项目管理人员需要适当增加施工工期,以确保项目的顺利进行。而对于由主观因素,如施工管理不善、材料供应不及时等造成的进度偏差,则需要采取相应措施进行合理规避,以调整和优化施工进度计划。

建筑工程进度控制是一个复杂且关键的过程,它必须严格遵循动态控制原理。这一原理强调在项目的整个生命周期内,不断地对实际施工进度进行检查与监控,确保项目能够按照既定计划稳步推进。在实际操作中,这意味着项目管理人员需要定期将实际施工状况与原定计划进行详细的对比分析。这种对比不仅涉及施工进度的快慢,还包括资源使用情况、成本控制、质量保证等多个维度。一旦在对比中发现偏差,就需要深入探究其产生的原因。这些原因可能包括设计变更、材料供应延迟、劳动力短缺、天气影响等。了解这些偏差的产生根源,是制定有效纠偏措施的前提。在分析了偏差及其原因后,项目管理人员需要迅速而准确地采取纠偏措施。这些措施可能包括调整施工工序、优化资源配置、加强现场管理等,旨在使项目能够回归到正常的施工轨道上来。然而,有时即便采取了纠偏措施,也可能由于各种不可控因素,使得原计划无法继续执行。在这种情况下,对原进度计划进行调整或修正就显得尤为必要。这种调整不是简单的延期或加速施工,而是需要综合考虑项目的整体目标、资源状况、风险因素等,制订既符合实际情况又能确保项目顺利推进的新进度计划。新的进度计划一旦确定,就需要全体项目成员共同遵守,严格按照新计划实施,以确保项目的最终成功完成。图 3-1 显示的就是施工进度控制过程。

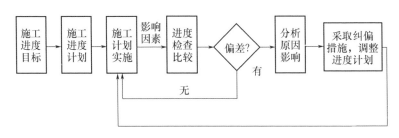

图3-1　施工进度控制过程

一、制订科学合理的进度计划

科学合理的进度计划是建筑工程进度控制的基础。在制订进度计划时,应充分考虑项目的实际情况,包括工程规模、施工条件、资源供应等。进度计划不仅要明确各个施工阶段的起止时间和关键节点,还要细化到每个工序的具体实施步骤和时间安排。首先,要对工程项目进行全面分析,确定项目的整体目标和分阶段目标。其次,根据施工图纸和施工规范,结合施工单位的实际情况,编制详细的施工进度计划。在编制过程中,应运用网络计划技术等现代管理方法,确保计划的合理性和可行性。最后,要对进度计划进行动态调整,根据实际情况不断优化和完善,以确保项目的顺利进行。此外,制订进度计划时还需考虑风险因素。建筑工程施工过程中可能会遇到各种不可预见的问题,如天气变化、设计变更、材料供应延迟等。因此,在制订进度计划时应留有一定的余地,以应对可能出现的风险。

二、加强施工现场管理

施工现场管理是建筑工程进度控制的关键环节。首先,要建立健全的施工现场管理制度,明确各个岗位的职责和权限,确保施工现场的秩序和安全。其次,要加强对施工现场的监督和检查,及时发现问题并采取措施解决。特别是对于关键工序和隐蔽工程,要进行重点监控,确保施工质量符合规范要求。此外,施工现场管理还包括对施工人员的管理。要提高施工人员的素质和技能水平,加强培训和考核工作。同时,要合理安排施工人员的工作时间和劳动强度,避免过度疲劳导致安全事故的发生。

三、优化资源配置

资源配置是建筑工程进度控制的重要因素之一。在施工过程中,要确保各种资源的充足供应和合理利用。首先,要根据施工进度计划制订详细的资源需求计划,包括材料、设备、劳动力等方面的需求。其次,要加强与供应商和租赁公司的沟通与协调,确保资源的及时供应和调配。同时,要做好资源的储存和保管工作,防止因资源浪费或损坏而影响施工进度。在资源配置过程中,还应注重环保和节能问题。要优先选择环保材料和设备,减少对环境的污染。同时,要合理安排施工时间和工序,降低能耗和成本支出。

四、强化信息管理与沟通协调

信息管理与沟通协调在建筑工程进度控制中发挥着重要作用。首先,要建立完善的信息管理系统,实时收集、整理和分析施工现场的数据和信息。通过信息管理系统可以及时发现施工进度中的问题和偏差,为调整进度计划提供有力支持。其次,要加强与各方的沟通协调工作。建筑工程涉及多个参与方,如业主、设计单位、施工单位、监理单位等。各方之间要保持密切联系和沟通协作,共同解决施工过程中遇到的问题和困难。特别是当施工进度受到影响时,要及时与相关方进行协商和调整计划安排以确保项目的顺利进行。

第二节　建筑工程成本控制

一、成本预算与规划

(一)初步成本估算

在建筑工程项目管理的早期阶段,初步成本估算是一个至关重要的环节。这一步骤不仅为项目的财务规划提供了基础,还为后续的成本控制设定了基准。初步成本估算的核心目的是对项目的总体费用进行一个大致的预测,以便项目团队能够合理地分配资源并做好预算准备。在进行初步成本估算时,项目团队需要对多个方面的费用进行全面的分析和预估。首先是建筑材料费用,这包括主要结构材料、辅助材料以及各种装修材料的预计消耗和费用。由于材料市场价格波动较大,因此需要对市场进行深入的调研,以便更准确地估计材料成本。除了材料费用,劳动力成本也是初步成本估算中的重要组成部分。这涉及预计的施工队伍规模、工期以及相应的工资水平。劳动力成本的准确估算对于后续的人力资源配置和工期安排具有指导意义。此外,机械设备的使用和租赁费用也不容忽视。根据项目的具体需求,可能需要租赁或购买特定的施工设备。这些设备的选择、租赁期限以及维护费用都需要在初步成本估算中予以考虑。综上所述,初步成本估算是一个复杂而细致的过程,它要求项目团队具备丰富的行业经验和敏锐的市场洞察力。通过科学合理的估算,可以为项目的顺利实施奠定坚实的经济基础。

(二)详细成本计划

在初步成本估算的基础上,制订详细成本计划是确保建筑工程项目成本控制的关键步骤。详细成本计划不仅深化了初步成本估算的内容,还为项目各个阶段的成本控制提供了明确的指导和目标。在制订详细成本计划时,项目团队需要对每个施工阶段的成本进行精细的划分。这包括基础工程、主体结构、装饰装修等各个施工环节的成本预算。通过细分成本,项目团队可以更加清晰地了解每个阶段的资金需求,从而做出更为合理的财务安排。同时,设定合理的成本控制目标也是详细成本计划中的重要环节。这些目标应该既具有挑战性又切实可行,以确保项目团队在施工过程中能够持续优化成本结构,提高资金利用效率。通过制订详细成本计划,项目团队可以更加精准地掌握项目的成本动态,及时发现并解决成本超支的风险。这不仅有助于提升项目的经济效益,还能为企业的长远发展奠定坚实的基础。因此,详细成本计划在建筑工程项目成本控制中具有不可替代的重要作用。

二、材料成本控制

（一）材料选择与采购

为了确保项目的经济效益和建筑质量,项目团队在进行材料选择与采购时必须进行深思熟虑。优质的建筑材料能够确保建筑结构的稳定性和耐久性,从而降低后期的维修和更换成本。因此,在选择材料时,项目团队应对各种材料进行严格的质量评估,确保其符合国家或行业的相关标准。在保证材料质量的前提下,项目团队应努力寻求性价比高的材料。这要求项目团队对市场价格有深入的了解,能够通过市场调研和供应商询价,掌握各种材料的价格动态。此外,通过与多个供应商的谈判和比较,项目团队可以争取到更为优惠的价格和更有利的付款条件,从而降低采购成本。一个可靠的供应商应能够保证材料的及时供应,避免因材料短缺而导致的施工延误。因此,在选择供应商时,项目团队应对其生产能力、物流能力和售后服务能力进行全面评估。

（二）材料使用与管理

在建筑工程施工过程中,材料的使用与管理对于成本控制同样至关重要。合理的材料使用和管理不仅能够减少浪费,还能提高施工效率,从而降低项目的总体成本。项目团队应根据施工图纸和施工计划,精确计算出各种材料的需求量,并按照计划进行材料的申领和使用。通过精确控制材料的用量,可以避免因过量使用而导致的成本增加。材料的使用和管理包括建立材料的入库、出库和库存管理制度,确保材料的数量、规格和使用情况能够得到实时记录和监控。同时,定期对材料进行盘点和清查,确保材料的账实相符,及时发现和解决可能存在的问题。此外,加强施工现场的材料管理也是必不可少的。项目团队应合理安排材料的堆放和保管,避免因保管不当而导致的材料损坏或浪费。同时,加强对施工人员的培训和管理,确保其能够正确使用和保管材料。

三、劳动力成本控制

(一)合理调配劳动力

在建筑工程项目中,劳动力的合理调配对于项目的顺利进行至关重要。劳动力的调配应基于施工进度和实际需求进行,以确保工程各阶段都有适当的人力资源配置。这种调配不仅涉及劳动力的数量,还包括劳动力的专业技能和经验,以匹配不同施工阶段的具体需求。为了提高劳动力的使用效率,项目管理人员需要密切关注施工进度,并根据实际情况及时调整劳动力部署。例如,在基础施工阶段,可能需要更多的土方工人和混凝土工人;而在装修阶段,则需要增加油漆工、电工等专业技能人员。通过精准调配劳动力,可以避免劳动力过剩造成的资源浪费,或是劳动力不足导致的施工延误。此外,采用现代化的项目管理软件和技术,如信息化管理平台,可以实时追踪劳动力的使用情况,帮助项目管理人员更精确地预测和调整劳动力需求。这种数据驱动的管理方法不仅提高了劳动力调配的灵活性,还增强了项目团队对突发情况的应对能力。综上所述,合理调配劳动力是确保建筑工程项目高效、顺利进行的关键因素之一。通过科学的管理方法和先进的技术支持,可以实现劳动力资源的优化配置,进而提高整个项目的经济效益和施工效率。

（二）培训与激励

在建筑工程领域,施工人员的技能水平和工作态度直接关系到项目的质量和进度。因此,定期对施工人员进行培训,并通过激励机制提升他们的工作积极性,是项目管理中不可忽视的重要环节。培训方面,应针对施工人员的不同岗位和职责,设计相应的培训课程。这些课程不仅包括技术技能的提升,还应涉及安全操作、团队协作等方面的内容。通过系统的培训,施工人员能够更好地理解施工要求,提高操作规范性,从而减少施工过程中的错误和浪费。在激励方面,应建立公平、透明的激励机制,以激发施工人员的工作热情。这包括物质激励和精神激励两个方面。物质激励可以通过设立绩效奖金、提供晋升机会等方式实现;而精神激励则可以通过表彰先进、组织团队建设活动等方式进行。通过这些激励措施,不仅可以提升施工人员的工作效率,还能增强他们对项目的归属感和责任感。

四、机械设备成本控制

（一）设备选择与租赁

在建筑工程项目中,机械设备的选择与租赁策略对于项目的成本控制和顺利推进具有重要影响。项目团队必须根据工程的具体需求、施工环境以及成本预算来精心挑选和租赁适合的机械设备。在项目初期,对项目所需机械设备的种类、规格和数量进行全面分析和预估是至关重要的。这一步骤需要综合考虑工程的规模、工期、施工工艺以及现场条件等多重因素。例如,对于大型土方工程,可能需要选择挖掘机、装载机等重型设备;而对于精细的室内装修工程,则可能需要小型、灵活的电动工具。精确的设备需求分析有助于避免设备过剩或不足的情况,从而优化成本结构。在设备选择上,除了考虑设备的性能、效率和安全性外,其经济成本也是一个不可忽视的因素。购买全新设备可能带来较大的初期投资压力,因此,在必要时,租赁设备成为一种经济有效的选择。租赁不仅可以降低项目的初期投资成本,还有助于项目团队根据施工进度和需求灵活调整设备配置。

(二)设备维护与保养

机械设备是建筑工程项目中的重要资产,其正常运行对于保障施工进度和质量至关重要。为了确保设备的长期稳定运行,定期的维护与保养工作是不可或缺的。设备维护与保养的首要目的是延长设备的使用寿命。通过定期的检查、清洁、调整和更换磨损部件,可以保持设备的良好状态,减少因设备故障而导致的停工时间。这不仅有助于保障施工进度,还能避免因设备损坏而产生的额外费用。此外,良好的维护与保养还能显著降低设备的维修成本。在设备出现故障前进行预防性的维护,可以在很大程度上减少大规模维修或更换设备的可能性。这种前瞻性的管理策略,不仅能够节约维修费用,还能避免因设备故障带来的安全风险。

五、施工过程中的成本控制

(一)严格监控施工进度与优化施工方案

通过实施实时的施工进度监控,项目团队能够精确掌握当前工程进展与原始计划之间的契合度。这种监控机制不仅涉及对各项施工活动的定期检查和记录,还包括对进度数据的实时更新和分析。当发现进度滞后或超前的情况时,项目管理人员应迅速做出反应,调整施工计划和资源分配,以确保项目能够按计划高效推进。例如,若发现某一施工阶段进度滞后,可能需要增加劳动力或调整工作时间表来弥补延误。反之,若进度超前,也应适时调整计划,避免资源浪费或过早进入下一阶段可能带来的问题。在实际施工过程中,往往会遇到各种预料之外的情况,这就要求项目团队能够根据实际情况灵活调整施工方案。优化施工方案包括但不限于改进施工工艺、提升施工效率、选用更为经济高效的材料或技术等。这些调整旨在减少不必要的成本支出,同时保持或提升工程质量。例如,通过引入先进的施工技术或机械化施工方法,可以显著提高施工速度和质量,从而降低劳动力成本和时间成本。

(二)风险管理在建筑工程成本控制中的作用

风险管理是建筑工程项目管理中至关重要的组成部分,特别是在成本控制方面。由于建筑工程具有复杂性和不确定性,因此对项目进行全面的风险评估和管理显得尤为重要。风险管理的首要任务是识别和评估项目中可能出现的各种风险,这些风险包括但不限于材料价格波动、劳动力成本上升、施工延误、技术难题等。通过深入分析和预测这些风险,项目团队能够更准确地估算出潜在的成本增加,并据此制定相应的预算和成本控制策略。除了风险识别和评估,制定有效的风险应对措施也是风险管理的核心。这些措施可能包括建立风险储备金以应对不可预见的成本增加、签订有利的合同条款以转移部分风险,或者采用保险策略来减轻潜在损失。通过这些措施,项目团队能够在面临风险时迅速而有效地作出反应,从而最大限度地减少成本超支的可能性。

第三节　建筑工程合同管理

一、合同文本拟定与分析

(一)合同文本的选择与调研

在拟定建筑工程合同时,首要任务是选择一份适当的合同示范文本。例如,《建设工程施工合同(示范文本)》就是一个很好的参考。这份文本经过精心编制,旨在规避因合同条款表述不清或不全面而可能引发的经济纠纷。示范文本通常涵盖了工程项目的基本情况、工程质量、工期、价款等核心内容,为合同双方提供了一个明确且规范的框架。然而,仅仅依赖示范文本是不够的。合同管理人员还需要深入调研工程的具体现状,包括工程规模、地理位置、技术难度、资金状况等多个方面。这种调研的目的是使合同具有更强的预见性,能够提前考虑可能出现的问题和风险,并在合同中进行相应的规定。通过深入了解工程项目的实际情况,合同可以更加契合实际需求,从而减少未来可能出现的不确定性和争议。

(二)合同条款的精确拟定与合法性审查

除了选择合适的示范文本和进行深入的工程现状调研外,合同管理人员还需要对合同条款进行仔细的分析和精确的拟定,这包括但不限于工程款的支付方式、工期的具体安排、质量标准的明确、违约责任的界定等。在这一过程中,特别要注意防止条款表述不清或存在歧义,因为这可能导致未来的执行困难和法律纠纷。同时,合同的合法性和完备性审查也是不可或缺的一环。合同双方必须具备签订合同的法律资格,且合同内容必须符合相关法律法规的规定。此外,还要确保工程项目本身符合签订和实施合同的所有条件,包括但不限于土地使用权、环保要求、建设许可等方面。这一审查过程不仅是为了确保合同的法律效力,也是为了保护合同双方的合法权益,避免因违法或不合规而导致的经济损失和法律风险。

二、合同管理制度的建立与实施

(一)规范合同管理流程的重要性

合同管理流程包括合同的洽谈、评审、签订、履行等诸多环节,每一个环节都关乎项目的顺利进行和合同双方的权益。建立健全的合同管理制度,首先能够确保这些环节都有明确的规定和操作流程,使得合同管理有章可循、有据可查。这样一来,无论是在合同洽谈时的条款协商,还是在合同履行过程中的问题处理,都能够依据制度进行,大大提高了合同管理的规范性和效率。其次,规范的流程还有助于减少人为因素导致的错误和遗漏,确保合同内容的准确性和完整性。在评审环节,通过多方参与和严格把关,可以及时发现并纠正合同中存在的问题,从而避免未来可能出现的纠纷和风险。

(二)合同交底制度与责任分解制度的实施效果

合同交底制度和责任分解制度是合同管理制度中的重要组成部分。合同交底制度能够确保各级项目管理人员对合同内容有清晰、准确的理解。通过交底会议等形式,将合同中的关键条款、双方的权利和义务、履行过程中的注意事项等详细信息传达给相关人员,从而确保在合同履行过程中能够严格按照合同要求执行,减少误解和偏差。责任分解制度则是将合同责任具体落实到各个工作小组或个人,明确各自的工作职责和任务。这种制度的实施,能够使每个工作小组或个人都清楚自己的责任边界,提高工作效率,确保合同履行的顺利进行。同时,责任分解还有助于在问题出现时迅速定位责任人,及时采取措施进行解决,降低损失。对于合同管理人员来说,这些制度的实施不仅提供了明确的工作指南,还能够帮助他们更加熟练地运用各项规定,实现合同管理工作的有序进行。在实际操作中,合同管理人员可以依据制度要求,逐步完成各项任务,确保合同从洽谈到履行的每一个环节都得到妥善处理。

三、动态管理与合同履行情况评价

(一)合同变更的密切关注与及时调整

在建筑工程项目实践中,合同变更是一个频繁且复杂的问题。由于工程设计变更、施工条件变化、政策调整等多种原因,合同内容往往需要进行相应的调整。这种调整不仅涉及工程量的增减、工期的变动,还可能包括价款、质量标准等方面的修改。因此,合同管理人员必须密切关注工程变更情况,对变更请求进行及时响应。在处理合同变更时,合同管理人员需要与项目各方进行充分沟通,确保双方对变更内容达成一致。这包括明确变更的范围、影响及相应的费用调整等。通过及时调整合同内容,可以有效避免因变更导致的权益纠纷和经济损失。同时,合同管理人员还应详细记录变更过程和结果,为未来可能出现的争议做参考。

（二）合同履行情况的评价与经验总结

建筑工程合同的履行情况是评价项目管理效果的重要依据。在合同履行过程中,合同管理人员应定期对履行情况进行客观评价,包括工程进度、质量、成本等方面的评估。这种评价不仅有助于及时发现问题并采取纠正措施,还能为项目决策提供有力支持。此外,对建筑工程合同的履行过程进行总结,吸取经验教训,对于提高今后的合同管理水平具有重要意义。合同管理人员应详细分析合同履行过程中的成功经验和存在问题,特别是在合同变更处理、索赔管理等方面的经验教训。通过这些总结,可以为未来的合同管理工作提供宝贵的参考,帮助项目团队更好地应对各种挑战。

四、风险管理

（一）风险预测与评估的必要性

建筑工程项目涉及多个环节和多方参与,因此面临着多种潜在风险。这些风险可能源自供应商的不稳定、施工质量的波动、安全事故的隐患等。若不及时预测和评估这些风险,一旦问题发生,将对项目的进度、质量和成本造成严重影响。风险预测要求项目团队结合历史数据和项目特点,分析可能出现的风险点。例如,供应商问题包括供货不及时、材料质量不达标等,这些都需要提前考虑到。而施工质量和安全事故的风险则与施工团队的专业水平、现场管理等因素有关。通过全面的风险预测,项目团队可以更加明确地了解项目推进过程中可能遇到的障碍。在预测的基础上,风险评估进一步量化风险的大小和可能造成的损失。这种评估有助于项目团队更加精确地了解哪些风险是重点防范对象,从而合理分配资源,制定更为有效的应对措施。

(二)风险应对措施的制定与实施

针对预测和评估出的风险,项目团队需要制定相应的应对措施。这些措施应旨在降低风险发生的概率,减少风险造成的损失,甚至在某些情况下能够完全避免风险。建立完善的风险预警机制是其中的关键一环。这种机制通过实时监测项目的各项指标,及时发现异常情况,并提醒项目团队采取相应的行动。例如,当供应商的供货时间出现延迟时,预警机制可以迅速反应,项目团队便能及时调整采购计划,避免工程进度受到影响。除了预警机制外,项目团队还应制定详细的应急预案。这些预案应包括风险事件发生后的具体应对措施,如替换不合格的供应商、加强施工现场的安全管理等。通过这些预案的实施,可以最大程度地减轻风险事件对项目的不利影响。

第四节 建筑工程资源管理

一、资源计划与配置

(一)全面分析与预估工程项目所需资源

在建筑工程的初期阶段,对项目所需的各类资源进行详尽的分析和预估是不可或缺的,这涵盖了人力资源、物资资源及财务资源等多个维度。人力资源计划的核心在于确保工程项目能够拥有足够数量且具备相应专业技能的人员参与,这不仅包括施工人员、技术人员,还涉及管理人员等。在规划人力资源时,必须考虑到人员的专业技能培训、职业发展路径设计以及团队协作能力的培养，从而保证工程项目的高效执行。物资资源计划则需要紧密结合工程项目的实际需求，这要求资源管理人员根据施工图纸、施工进度等因素，提前进行材料和设备的采购与储备。在这一过程中，对物资的质量、数量、交货期等都要进行严格的规定，以确保施工过程的连续性和稳定性。同时，物资资源的存储和管理也是一项重要工作，需要采取科学的方法和技术手段，防止物资损坏和浪费。

(二)注重资源的合理利用与优化分配

资源的合理利用和优化分配是资源配置过程中的关键环节。通过制定科学的资源配置方案，可以显著减少资源浪费，提升资源的使用效率。这要求资源管理人员不仅具备扎实的专业知识，还需拥有丰富的实践经验，以便能够根据实际情况灵活调整资源计划。在资源的合理利用方面，应遵循"物尽其用"的原则，确保每一种资源都能在项目中发挥最大的效用。例如，对于人力资源，可以通过合理的任务分配和激励机制，激发人员的工作积极性和创造力；对于物资资源，则可以通过精细化的管理和调度，减少不必要的损耗和浪费。在资源的优化分配方面，需要综合考虑资源的稀缺性、成本效益以及工程项目的整体目标。通过运用先进的优化算法和管理工具，可以实现资源的最优配置，从而在确保工程质量的前提下，降低成本、提高效率。

二、资源采购与租赁

(一)选择信誉良好、质量可靠的供应商并建立稳定合作关系

在资源采购过程中，供应商的选择是至关重要的。信誉良好、

质量可靠的供应商不仅能提供符合工程项目实际需求的物资,还能保证物资供应的稳定性和可靠性。为了确保所采购物资的质量,资源管理人员应对市场进行深入的调研,对比不同供应商的产品质量、价格、交货期等因素,从而选出最合适的供应商。与供应商建立良好的合作关系也是确保资源稳定供应的关键。通过建立长期、互信的合作关系,可以降低采购风险,提高采购效率。此外,与供应商保持密切的沟通与协作,可以及时解决采购过程中出现的问题,确保工程项目的顺利进行。

(二)注重合同签订与执行,关注资源的运输与储存

在采购和租赁过程中,合同的签订与执行是保障双方权益的重要环节。合同应明确规定物资的名称、规格、数量、质量、价格、交货方式、付款方式等关键条款,确保资源的供应和使用符合合同条款。同时,合同还应包括违约责任和解决争议的方式,以便在出现问题时能够及时解决。除了合同签订外,资源的运输和储存也是不容忽视的环节。在运输过程中,应选择合适的运输方式和运输公司,确保资源在运输过程中不受损坏。在资源到达施工现场后,应妥善安排储存场所,采取必要的防护措施,防止资源在储存过程中发生变质或损失。此外,对于临时性或特定需求的资源,可以考虑通过租赁方式来满足。租赁方式不仅可以节省成本,还可以提高资源的灵活性。在租赁过程中,同样需要关注合同的签订和执行,明确租赁期限、租金支付方式等条款。

三、资源使用与监控

(一)密切关注施工现场,动态调整资源使用计划

资源管理人员在建筑施工过程中扮演着举足轻重的角色。他

们需要时刻关注施工现场的实际情况,包括但不限于施工进度、材料消耗、设备使用状况以及人员配备等。通过实时收集和分析这些数据,资源管理人员能够更准确地掌握资源使用的动态,进而根据实际情况及时调整资源使用计划。这种动态调整不仅有助于确保资源的合理利用,避免浪费,还能提升工程项目的灵活性和应对突发状况的能力。例如,当施工现场出现意外情况时,资源管理人员可以迅速调整资源分配,以确保施工活动的连续性和稳定性。

(二)实时监控资源使用,采取措施提高使用效率

对资源使用情况进行实时监控是建筑工程资源管理的另一项核心任务。通过先进的监控系统和传感器技术,资源管理人员可以实时追踪资源的流向和使用情况,及时发现并解决可能出现的问题。这种实时监控不仅有助于减少资源的浪费和损耗,还能提高工程质量和施工安全水平。为了提高资源使用效率,资源管理人员可以采取一系列有效措施。首先,引入先进的技术和设备是提升效率的重要手段。例如,使用智能化的施工机械和自动化设备,可以显著提高施工速度和精度,同时降低对人力资源的依赖。其次,优化施工流程也是关键。通过精简施工步骤、合理安排施工顺序,可以减少不必要的等待和转运时间,从而提升整体施工效率。最后,提高施工人员的技能水平同样重要。定期的培训和教育活动可以帮助施工人员掌握更先进的施工技术和操作方法,进而提升他们的工作效率和质量。

四、资源风险管理

(一)风险预测与评估

在建筑工程资源管理中,风险预测和评估是首要任务。资源

管理人员需要运用专业知识和实践经验,对工程项目中可能出现的风险进行全面而深入的分析。这些风险可能来源于多个方面,如供应商的不稳定、施工现场的安全隐患、财务成本的超支等。为了准确预测和评估这些风险,资源管理人员可以采用定性分析和定量分析相结合的方法。定性分析主要依据历史数据、专家意见和行业趋势等因素,对风险的大小和可能性进行初步判断。而定量分析则通过运用数学模型和统计技术,对风险进行更精确的度量和预测。通过这些分析,资源管理人员可以制定出更具针对性和可操作性的风险管理策略。

(二)制定风险应对措施

在预测和评估风险后,资源管理人员需要制定相应的应对措施。这些措施应涵盖预防、减轻、转移和规避等多个层面,以确保工程项目的顺利进行。针对供应商可能出现的问题,资源管理人员可以提前与多个供应商建立合作关系,确保资源的稳定供应。这种多元化供应策略不仅可以降低对单一供应商的依赖,还能在供应商出现问题时及时切换,减少工程项目受到的影响。对于施工过程中可能出现的安全事故隐患,资源管理人员应加强施工现场的安全管理,并定期进行安全检查。通过严格执行安全规章制度、提供必要的安全培训和装备,以及及时整改潜在的安全隐患,可以显著降低安全事故发生的概率。面对财务风险问题,资源管理人员需要制定合理的预算和成本控制方案,这包括对项目成本进行精确估算、设定合理的预算限额、实施严格的成本控制措施等。通过这些措施,可以确保工程项目的财务稳健性,避免因成本超支而引发的财务风险。

五、资源节约与环保

(一)环保导向的资源计划与材料选择

在制订资源计划时,资源管理人员应充分考虑环保因素,包括在选择材料和设备时,优先选用环保型产品。环保型材料不仅具有较低的环境影响,还能在长期使用过程中降低能耗和污染物排放。例如,选择具有节能标识的电气设备和绿色建材,可以有效降低工程项目的环境负荷。此外,资源管理人员还需关注材料的可回收性和再利用性。通过选择可循环利用的材料,减少一次性材料的使用,从而降低资源浪费和环境污染。同时,与供应商合作,推动环保材料的研发和应用,也是实现建筑工程资源管理可持续发展的重要途径。

(二)施工过程中的节能减排与废弃物处理

在施工过程中,资源管理人员应注重节能减排措施的实施,包括优化施工流程,减少不必要的能源消耗;采用高效节能的施工设备和技术,降低施工过程中的能耗;加强施工现场的能源管理,确保能源的合理使用和有效监控。同时,为减少施工对周边环境的影响,应采取降低噪声、减少扬尘等措施。例如,通过设置隔音屏障、合理安排施工时间等方式,降低施工噪声对周边居民的影响。通过洒水降尘、覆盖裸露地面等措施,减少施工现场的扬尘污染。在废弃物处理方面,资源管理人员应遵循相关法律法规要求,确保废弃物的合规处置。对于可回收利用的废弃物,应积极进行回收处理,实现资源的再利用。对于不可回收的废弃物,应选择环保的处理方式,减少对环境的影响。

第四章　建筑工程安全管理

第一节　建筑工程安全生产管理概述

一、安全与安全生产的概念

（一）安全的概念

1.无危险状态:安全首先意味着一种无危险的状态,即人员、财产和环境未受到威胁或损害。

2.风险防范:安全还涉及对潜在风险的识别、评估和控制,以防止事故发生。

3.社会稳定因素:安全是社会稳定的重要基石,它关系到人民的生活质量和社会的和谐发展。

（二）安全生产的概念

1.事故预防与控制:安全生产的核心在于预防和控制生产过程中可能发生的事故,减少人员伤害和财产损失。

2.保障人身安全与健康:安全生产致力于保护从业人员在生产过程中的安全与健康,防止职业病和工伤事故的发生。

3.确保生产顺利进行:通过采取安全措施,安全生产能够确保生产设备和设施的正常运行,从而保障生产经营活动的连续性和稳定性。

二、建筑工程安全生产管理的含义

建筑工程安全生产管理,这一复杂的系统工程涵盖了多个层面的管理活动。它不仅包括详尽的计划制订,以确保各项安全措施得以有效实施,还涉及周密的组织结构,以便在应对各种安全挑战时能够迅速响应。此外,对安全生产活动的精确指挥和高效协调也是其重要组成部分,这确保了各个参与方之间的顺畅沟通和协同工作。这一系列管理活动的核心目的在于保障职工在生产环节中的身体安全与健康,这是任何建筑项目都不可忽视的首要任务。同时,它也致力于保护国家和人民的宝贵财产免受损失,这体现了对社会责任的深刻认识和坚定承担。更为重要的是,通过这一系列细致入微的管理措施,建筑工程安全生产管理确保了建筑生产任务的顺利完成,这既是对工程质量的保障,也是对工程进度的有效控制。值得注意的是,建筑工程安全生产管理是一个多元化的管理体系。它不仅包括建设行政主管部门对建筑活动过程中安全生产的专业化、行业化管理,还涵盖了安全生产行政主管部门对建筑活动中安全生产的全面、综合性监督管理。同时,从事建筑活动的各个主体,如建筑施工企业、建筑勘察单位、设计单位和工程监理单位等,也都在这一管理体系中扮演着重要角色,他们通过自我管理和自我监督,共同构筑了一道坚固的安全生产防线。

三、建设工程安全生产管理的特点

(一)多方主体参与,责任体系复杂

建设工程安全生产涉及多个参与方,包括建设单位、监理单

位、施工单位等。这些单位在安全生产中各自承担不同的责任,共同构成了一个复杂的安全生产责任体系。建设单位作为项目的发起者和组织者,对项目的安全生产负有总体责任。监理单位负责对施工过程进行安全监督,确保各项安全措施得到有效执行。施工单位则是安全生产的直接执行者,需要严格遵守安全生产法律法规和标准,确保施工现场的安全。这种多方主体参与的特点,使得建设工程安全生产管理更加注重协调与沟通。各参与方必须明确各自的安全生产责任,加强协作,共同确保项目的安全生产。同时,这也要求管理部门建立完善的安全生产责任制度,明确各方的职责和权限,以便在出现问题时能够迅速追责和处理。

(二)人员流动性大,安全培训与教育尤为重要

建筑工程施工过程中,施工队伍的人员流动性较大。这种人员流动性不仅影响了安全文化的形成和巩固,也给安全生产管理带来了挑战。新加入的施工人员可能缺乏必要的安全意识和操作技能,容易引发安全事故。因此,在建设工程安全生产管理中,安全培训与教育显得尤为重要。施工单位需要定期对新员工进行安全培训,提高他们的安全意识和操作技能。同时,对于特种作业人员等关键岗位,还需要进行专业的技能培训和考核,确保他们具备从事相关工作的能力。通过加强安全培训与教育,可以降低人员流动性带来的安全风险。

(三)高风险性与多变性并存

建设工程安全生产风险高,易发生高空坠落、坍塌、车辆伤害、火灾等伤害。这些风险不仅危及施工人员的生命安全,还可能造成重大的财产损失。同时,由于建筑施工过程中涉及多个工序和

环节,每个工序都可能使得施工现场发生完全不同的变化。随着工程的进度和施工现场环境的变化,安全问题也会不断发生变化。为了应对这种高风险性和多变性,建设工程安全生产管理需要采取动态的管理策略。管理部门需要密切关注施工现场的安全状况,及时发现并处理潜在的安全隐患。同时,还需要根据施工进度和现场环境的变化,及时调整安全措施和应急预案,确保施工过程的安全可控。

(四)法律法规政策不断完善,监管力度不断加强

随着社会对建设工程安全生产的关注度不断提高,相关的法律法规政策也在不断完善。政府部门加强了对建设工程安全生产的监管力度,对违反安全生产法律法规的行为进行了严厉的打击,使建设工程面临更加严格的法律约束和监管要求。为了适应这种形势,建设单位、监理单位和施工单位等参与方需要加强对法律法规政策的学习和理解,确保在施工过程中严格遵守相关法律法规政策。同时,政府部门也需要继续完善法律法规政策体系,提高监管效率和效果,为建设工程安全生产提供更加有力的保障。

第二节　建筑安全生产管理的措施

一、建立健全安全生产的责任制度和群防群治制度

建筑工程安全生产管理的核心在于建立健全的责任制度和群防群治制度。这一制度的建立,首先要求明确各级管理人员和施工人员的安全生产职责,确保每个岗位都有明确的安全责任。同时,通过定期的安全生产培训和考核,提高全体员工的安全意识和

技能水平,形成全员参与、共同防范的安全生产氛围。群防群治制度的实施,强调通过员工之间的相互监督、相互提醒,及时发现和纠正施工过程中的安全隐患,从而确保整个施工过程的安全可控。在责任制度的落实上,建筑施工企业应当制定详细的安全生产责任制考核办法,将安全生产责任与员工的绩效考核、晋升晋级等挂钩,形成有效的激励和约束机制。同时,企业还应当建立健全的安全生产例会制度,定期召开安全生产会议,分析安全生产形势,研究解决安全生产问题,确保安全生产工作的持续改进。

二、建筑工程设计与安全规程的符合性

建筑工程的设计是确保工程安全性能的基础。在设计阶段,必须严格按照国家规定的建筑安全规程和技术规范进行设计,确保工程的结构安全、防火安全、设备安全等各方面的性能符合规范要求。这要求设计人员具备深厚的专业知识和丰富的实践经验,能够准确理解和应用相关的安全规程和技术规范,确保设计方案的科学性和合理性。同时,在建筑工程的设计过程中,还应当充分考虑施工过程中的安全因素。例如,对于高层建筑、大跨度结构等复杂工程,需要制定详细的施工安全方案,明确施工过程中的安全风险控制措施和应急预案,确保施工过程的安全可控。

三、建筑施工组织与安全技术措施的制定

建筑施工企业在编制施工组织设计时,应当根据建筑工程的特点制定相应的安全技术措施。这些措施应当包括针对不同施工阶段、不同施工部位、不同施工环境的安全风险控制措施,以及应急预案和救援措施等。对于专业性较强的工程项目,如深基坑支护、高大模板支撑等,还应当编制专项安全施工组织设计,并采取

专门的安全技术措施。在制定安全技术措施时,建筑施工企业应当充分考虑施工现场的实际情况和施工人员的作业习惯,确保安全技术措施的可行性和有效性。同时,企业还应当加强对施工人员的安全技术培训和教育,提高施工人员的安全意识和技能水平,确保他们能够正确执行安全技术措施,有效防范施工过程中的安全风险。

四、施工现场的安全管理与保险制度的完善

施工现场是建筑工程安全生产管理的重点区域。建筑施工企业应当在施工现场采取维护安全、防范危险、预防火灾等措施,确保施工现场的安全可控。这些措施包括设置明显的安全警示标志、配备必要的安全防护设施、保持施工现场的整洁和有序等。有条件的施工现场还应当实行封闭管理,严格控制人员进出和车辆行驶,确保施工现场的秩序和安全。除了加强施工现场的安全管理外,建筑施工企业还应当依法为职工参加工伤保险缴纳工伤保险费。这是保障职工权益、减轻企业负担的重要措施。同时,鼓励企业为从事危险作业的职工办理意外伤害保险,支付保险费以进一步提高职工的安全保障水平,增强企业的凝聚力和向心力。在施工现场的安全管理过程中,建筑施工企业还应当加强对分包单位的安全生产管理。实行施工总承包的工程项目,总承包单位应当对施工现场的安全生产负总责。分包单位应当向总承包单位负责,服从总承包单位对施工现场的安全生产管理。这要求总承包单位和分包单位之间建立有效的沟通协调机制,共同维护施工现场的安全秩序。

五、特殊工程的安全控制与拆除工程的安全管理

涉及建筑主体和承重结构变动的装修工程以及房屋拆除工程是建筑工程中的特殊工程。这些工程的安全控制对于保障整个建筑工程的安全具有重要意义。对于涉及建筑主体和承重结构变动的装修工程,建设单位应当在施工前委托原设计单位或者具有相应资质条件的设计单位提出设计方案。没有设计方案的装修工程不得施工。这要求建设单位在装修工程开始前应进行充分的论证和评估,确保装修工程的设计方案符合建筑安全规程和技术规范的要求。对于房屋拆除工程,应当由具备保证安全条件的建筑施工单位承担。拆除工程的施工单位应当对拆除过程中的安全风险进行充分的评估和预测,并制定详细的拆除方案和应急预案。在拆除过程中,施工单位应当严格遵守相关的安全规程和技术规范,确保拆除过程的安全可控。同时,拆除工程的施工单位还应当对拆除现场进行有效的封闭管理,防止非施工人员进入拆除现场,确保拆除过程的安全和顺利进行。

第三节　建筑施工安全技术

一、安全技术措施的应用

(一)高处作业安全技术

1.高处作业的安全设施设置与维护

高处作业的安全设施主要包括安全网和防护栏杆。安全网应

选用符合国家标准的产品,确保其具有足够的强度和耐候性。安全网的设置应遵循相关规范,确保其在高处作业区域的有效覆盖,特别是在边缘和开口部位。定期对安全网进行检查,及时发现并修复破损或老化的部分,确保其始终保持良好的防护状态。在风雨等恶劣天气过后,应对安全网进行额外的检查和维护,以确保其稳定性。防护栏杆应设置在高处作业区域的边缘,以防止人员意外坠落。栏杆的高度、强度和稳定性应符合相关标准,确保其能够有效承受可能的冲击载荷。定期对防护栏杆进行检查,确保其没有松动、变形或损坏,发现问题及时进行维修或更换。在高处作业过程中,应严禁随意拆除或移动防护栏杆,确保其始终发挥防护作用。

2.施工人员个人防护装备的配备与使用

除了安全设施的设置与维护外,施工人员个人防护装备的配备与使用也是高处作业安全控制的重要环节。施工人员在进行高处作业时,必须佩戴符合国家标准的安全带。安全带应正确佩戴,确保其紧密贴合身体,并能够在坠落时提供有效的支撑和保护。定期对安全带进行检查,确保其没有破损、老化或失效,发现问题及时进行更换。在高处作业过程中,严禁将安全带作为其他用途使用,如悬挂工具或材料。安全线应作为高处作业的辅助防护设施,确保其在作业过程中的稳定性和可靠性。安全线的固定点应选择在坚固的结构上,并确保其能够承受可能的冲击载荷。在使用安全线时,应确保其长度适中,既能够提供足够的活动空间,又能够在坠落时提供有效的制动。定期对安全线进行检查和维护,确保其没有磨损、断裂或老化,发现问题及时进行更换或修复。

（二）施工机械安全技术

1.施工机械的检查与维护保养

施工机械在使用过程中，由于各种因素的影响，其性能和状态会发生一定的变化。为确保施工机械始终处于良好状态，必须定期对其进行检查和维护保养。定期检查是及时发现施工机械潜在问题的重要途径。通过定期检查，可以及时发现并处理施工机械的各个部件、系统可能存在的隐患。定期检查的实施应遵循相关的标准和规范，确保检查的全面性和准确性。同时，应建立完善的检查记录制度，对每次检查的结果进行详细记录，以便后续的分析和处理。维护保养是延长施工机械使用寿命、提高其性能的重要手段。通过定期的维护保养，可以对施工机械进行必要的清洁、润滑、紧固等工作，确保其各个部件的正常运转。维护保养措施应根据施工机械的具体类型和使用情况进行制定。例如，对于液压系统，应定期更换液压油，并清洗液压元件；对于传动系统，应定期检查齿轮、轴承的磨损情况，并进行必要的更换或修复。

2.操作规程与安全技术交底的执行

施工机械的安全使用不仅依赖其良好的状态，还取决于操作人员的规范操作和严格遵守相关的安全规定。操作规程是施工机械安全使用的重要指导文件。它应详细规定施工机械的操作步骤、注意事项、禁止行为等内容，确保操作人员能够正确、安全地使用施工机械。操作规程应遵循相关的标准和规范，并结合施工机械的具体类型和使用情况来制定。同时，应加强对操作人员的培训和教育，确保他们充分理解并严格遵守操作规程。安全技术交底是在施工机械使用前，由技术人员向操作人员详细讲解施工机械的性能、特点、安全操作规程等内容的过程。它是确保操作人员正确、安全地使用施工机械的重要环节。安全技术交底应针对具体的施工机械和使用环境来制定,确保操作人员充分了解施工机械的性能和特点,并掌握正确的操作方法。同时,应建立安全技术交底的记录和签字制度,确保交底过程的可追溯性。

(三)电气设备使用安全技术

1.电气设备的选用与操作规程的遵守

在建筑施工中,应优先选用符合国家标准和行业规范的电气设备。这些设备经过严格的质量控制和安全认证,具有较高的安全性能和可靠性。选用电气设备时,还应考虑其适应性和耐用性。设备应能适应施工现场的恶劣环境,如高温、潮湿、多尘等,并能长时间稳定运行。为确保电气设备的安全使用,必须制定详细的操作规程。这些规程应明确设备的操作流程、注意事项、禁止行为等,为操作人员提供明确的指导。操作人员在使用电气设备前,应接受专业的培训和教育,确保他们充分了解并掌握操作规程。在使用过程中,应严格遵守规程要求,不得随意更改操作流程或忽视安全注意事项。

2.漏电保护装置和接地装置的设置

漏电保护装置是一种用于检测电气设备中漏电电流并自动切断电源的保护装置。在建筑施工现场,应设置可靠的漏电保护装置,以确保在设备发生漏电时能及时切断电源,防止人员触电。漏电保护装置的选择和安装应符合相关标准和规范,其灵敏度、动作时间和切断能力应满足施工现场的实际需求。同时,应定期对漏电保护装置进行检测和维护,确保其始终处于良好状态。接地装置是将电气设备与大地连接的一种保护措施。在建筑施工现场，应设置可靠的接地装置，以确保在设备发生漏电或短路时能将电流引入大地，防止人员触电和火灾事故的发生。接地装置的设置应遵循相关标准和规范。其接地电阻、接地线规格和连接方式应满足施工现场的实际需求。同时，应定期对接地装置进行检测和维护，确保其接地效果良好。

（四）防火防爆安全技术

1.防火防爆措施与应急预案的制定

针对施工现场的实际情况，应制定一套全面、具体的防火防爆措施。这些措施应涵盖易燃易爆物品的管理、电气设备的使用和维护、火源的控制等多个方面。易燃易爆物品应储存在指定的安全区域，并设置明显的警示标志。同时，应限制这些物品在施工现场的数量和存放时间，以减少潜在的风险。电气设备的使用和维护应遵循相关的安全规范和标准。设备的安装、接线和检修应由专业人员进行，并确保设备的接地和漏电保护装置完好有效。火源的控制是防火防爆工作的关键。施工现场应严禁明火作业，如确需动火，应办理相应的动火审批手续，并采取有效的防火措施。为应对可能发生的火灾和爆炸事故，应制定详细的应急预案。预案应明确应急组织的构成、职责和响应程序，确保在紧急情况下能够迅速、有效地采取措施。应急预案应包括火灾和爆炸事故的报警、疏散、灭火、救援等多个环节。同时，应定期进行应急演练，以提高施工人员的应急反应能力和自救互救能力。

2.防火防爆检查与维护保养工作的实施

应定期对施工现场进行防火防爆检查，检查内容应包括易燃易爆物品的储存情况、电气设备的使用状态、火源的控制措施等。检查应由专业的安全管理人员进行,并记录检查结果。对于发现的问题和隐患,应立即采取措施进行整改。维护保养工作是确保防火防爆设施和设备处于良好状态的重要保障。应定期对消防设施、电气设备、防火隔离设施等进行检查和维护。维护保养工作应由专业人员进行,并遵循相关的规范和标准。对于损坏或失效的设施和设备,应及时进行更换或修复。

二、施工现场安全管理

(一)施工区域划分与警示标志设置

1.施工区域与生活区域的合理规划与划分

施工现场作为一个复杂多变的工作环境,其内部空间的有效组织与利用直接关系到施工活动的顺利进行。因此,合理划分施工区域与生活区域成为施工现场管理的首要任务。施工区域与生活区域具有明确界线,可以有效避免施工人员与生活人员之间的不必要的交叉,从而减少因人员流动带来的安全隐患。例如,将施工机械作业区、材料堆放区与休息区、餐饮区严格分开,可以防止非施工人员误入危险区域,同时避免施工噪声、尘土等对生活区域的影响。通过合理规划,可以确保施工资源(如材料、设备、人力)在空间上的最优配置,减少不必要的搬运与等待时间。生活区域的合理布局则有助于提升工人的生活质量与休息效率,间接提高工作时的生产效率。例如,将临时宿舍靠近施工区域但又不干扰主要施工路径,可以缩短工人往返时间,保证充足的休息,从而提高工作效率。

2.警示标志与隔离设施的有效设置

警示标志与隔离设施是施工现场安全管理的重要组成部分，它们直接作用于施工人员的行为模式，对于预防事故、保障人员安全具有不可替代的作用。明显的警示标志能够时刻提醒施工人员注意周围环境中的潜在危险，如高压电线、深坑、高空作业区等，从而促使他们采取正确的安全措施，如佩戴安全帽、使用安全带等。此外，通过颜色鲜明、图案直观的警示标识，可以快速传达安全信息，即便在嘈杂或视线受限的条件下也能有效发挥作用。隔离设施，如围栏、护栏、隔离网等，能够在物理层面上将危险区域与安全区域分隔开来，有效阻止未经授权的人员进入危险区域，同时保护施工人员免受外部干扰。例如，在设置临时电箱或进行高空作业时，周围设置坚固的围栏，既能防止无关人员靠近，又能确保作业空间的封闭性，减少意外发生的可能性。

（二）临时设施搭建与维护

1.临时设施的规范搭建：确保承载力与稳定性

在搭建临时设施之前，需要进行科学的设计和计算，以确定其结构形式、尺寸、材料规格等。这一过程需要考虑设施的实际用途、使用环境、预期荷载等因素，以确保设计方案的合理性和可行性。特别是对于脚手架等承重设施，更需要进行精确的计算和验证，以确保其能够承受施工过程中的各种荷载，并保持稳定的结构形态。在搭建过程中，需要严格按照设计图纸和施工方案进行操作，确保每一步骤都符合规范要求。同时，还需要对施工质量进行严格的控制，包括材料的选用、构件的连接、整体的稳定性等。只有通过严格的施工和质量控制，才能确保临时设施在实际使用中的安全性和可靠性。

2.临时设施的维护保养:保障使用过程中的安全可靠性

临时设施在使用过程中,会受到各种因素的影响,如环境因素、使用频率、荷载变化等。因此,需要定期开展维护保养工作,以确保其始终保持良好的使用状态和安全性能。对于临时设施,需要定期进行全面的检查和评估,以发现可能存在的问题和隐患。这一过程包括对设施的结构形态、连接部位、材料状况等进行详细的检查,并对设施的整体稳定性和安全性进行评估。通过定期检查与评估,可以及时发现并处理潜在的问题,防止事故的发生。在检查过程中,如果发现设施存在损坏、变形、松动等问题,需要及时进行维修或更换。特别是对于承重构件和连接部位,更需要密切关注其状况,并及时进行处理。通过及时的维修与更换,可以确保临时设施始终保持良好的使用状态和安全性能。

(三)环境保护与文明施工

1.环境保护:降噪、防尘与减少施工对周围环境的影响

施工噪声是建筑施工过程中常见的污染源之一。为了减少对周围环境的影响,施工单位应采取低噪声设备、合理安排施工时间、设置隔音屏障等措施。例如,在靠近居民区的施工现场,可以选择使用低噪声的混凝土搅拌机和挖掘机,或者在居民休息时间段暂停高噪声作业,以减少对居民生活的干扰。建筑施工过程中的尘土污染同样严重。为了防止尘土飞扬,施工单位可以采取洒水降尘、覆盖裸露土壤、设置挡风墙等措施。例如,在土方开挖和回填过程中,及时洒水可以保持土壤湿润,减少尘土飞扬;在堆放建筑材料时,使用防尘网进行覆盖可以有效防止风吹尘土扩散。

2.文明施工:加强施工现场管理

文明施工不仅关乎施工现场的整体形象,更直接影响施工效率和安全性。建筑材料的堆放是施工现场管理的重要内容。为了确保材料堆放整齐有序,施工单位应制订详细的材料堆放计划,并按照计划进行堆放。同时,还应对材料进行分类管理,确保不同种类的材料不会混放。此外,对于易燃、易爆等危险材料,更应设置专门的存放区域,并采取有效的安全措施进行保管。施工道路的畅通无阻是确保施工顺利进行的关键。因此,施工单位应加强对施工道路的管理和维护,包括定期对施工道路进行清扫和保养,确保道路平整、无障碍物;合理设置交通标志和指示牌,引导施工车辆和人员有序通行;加强对施工道路的巡查和监控,及时发现并处理道路损坏或交通拥堵等问题。

三、施工人员安全培训

(一)入场安全教育

1.三级安全教育体系的实施内容与目标

新入场施工人员将学习公司的安全管理制度、安全文化以及基本的法律法规知识。通过这一层级的培训,施工人员能够对公司整体的安全管理要求有一个清晰的认识,为后续的具体施工活动打下坚实的理论基础。在项目级安全教育中,新入场施工人员将深入了解所参与项目的具体情况,包括项目的安全风险、安全控制措施以及应急预案等。这一层级的培训更加注重实践性和针对性,旨在使施工人员能够根据项目的实际特点,制定出有效的安全防范措施。班组级安全教育是三级教育体系中的最后一环,也是最为具体和细致的一环。在这一层级,施工人员将学习与自己岗位密切相关的安全操作规程、个人防护装备的使用以及紧急情况下的自救互救技能。通过这一层级的培训,施工人员将能够熟练掌握岗位所需的安全知识和技能,为实际施工活动做好充分准备。

2.三级安全教育体系的重要性与价值

通过系统的安全教育,新入场施工人员能够深刻认识到施工安全的重要性,从而在日常工作中时刻保持警惕,严格遵守安全规程,有效预防安全事故的发生。施工人员的安全是项目顺利进行的重要保障。三级安全教育体系的实施能够确保施工人员具备必要的安全知识和技能,从而在面对潜在的安全风险时能够做出正确的判断和应对,保障项目的平稳进行。三级安全教育体系的实施不仅是对施工人员的要求,也是对企业安全管理水平的考验。通过这一体系的实施,企业能够不断完善和优化自身的安全管理机制,提升整体的安全管理水平,为企业的可持续发展奠定坚实基础。

(二)定期安全培训

建筑施工行业因其复杂性和高风险性,对安全管理提出了极高的要求。为了确保施工活动的顺利进行,保障施工人员的生命安全,建筑施工企业必须采取一系列有效的安全管理措施。其中,定期组织安全培训活动无疑是一项至关重要的举措。这种培训活动应涵盖安全生产法律法规、安全操作规程以及应急救援知识等多个方面,旨在通过系统的培训内容,切实提升施工人员的安全意识和技能水平,进而增强其自我保护能力。通过定期安全培训,建筑施工企业能够向施工人员普及国家安全生产法律法规,确保他们在施工活动中严格遵守相关法律要求,从而保障施工活动的合法性和规范性。同时,培训活动还能够深入传授安全操作规程,使施工人员熟练掌握各种操作规程,确保施工活动的顺利进行,并有效降低安全事故的发生率。此外,应急救援知识的培训也是不可或缺的一部分,它能够使施工人员在面对紧急情况时,迅速、有效地采取自救和互救措施,从而最大限度地减少安全事故带来的损失。

(三)专业技能培训

在建筑施工领域,特殊工种和关键岗位的施工人员承载着至关重要的任务,他们的专业能力直接关系到工程项目的质量和安全。因此,针对这部分施工人员加强专业技能培训,确保其掌握必要的专业知识和技能以满足岗位需求,是建筑施工企业不可忽视的重要职责。特殊工种和关键岗位往往涉及复杂的施工工艺、高精度的技术操作以及严格的安全规范,这就要求施工人员必须具备扎实的专业知识和精湛的操作技能。通过系统的专业技能培训,施工人员可以深入学习并掌握与岗位密切相关的理论知识、技术标准和操作规程,从而提升他们在实践中的操作能力和问题解决能力。这种培训不仅有助于施工人员更好地适应岗位需求,还能激发他们的创新潜力和职业发展动力,为企业的技术进步和持续发展提供有力的人才支撑。同时,专业技能培训还应注重实践性和创新性。实践性培训可以通过模拟实际施工场景、案例分析、现场操作等方式进行,使施工人员在实践中不断锻炼和提升技能水平。创新性培训则可以鼓励施工人员探索新的施工方法和技术,培养他们的创新意识和解决问题的能力,为企业的技术创新和发展贡献力量。

四、特殊施工环节的安全控制

(一)深基坑支护安全控制

深基坑支护作为建筑施工中的高风险环节,其安全控制的重要性不言而喻。由于深基坑支护涉及复杂的工程地质条件和多变的施工环境,因此确保支护结构的稳定性和安全性是施工过程中的首要任务。为实现这一目标,制定详细的支护设计方案是至关重要的一步。设计方案应充分考虑地质条件、基坑深度、周边环境等多种因素,确保支护结构能够承受土压力、水压力等外部荷载,并保持基坑的稳定性。同时,采取有效的支护措施也是必不可少的,如采用钢支撑、混凝土灌注桩等支护结构,以增强基坑的承载能力和抗变形能力。在支护施工过程中,加强监测和预警工作同样重要。通过安装监测设备,实时监测基坑的变形情况、支护结构的受力状态以及周边环境的变化,可以及时发现异常情况并采取相应的处理措施。预警机制的建立也是关键,通过设置预警阈值,一旦监测数据达到或超过阈值,立即启动应急预案,确保基坑的稳定性得到及时有效的保障。

(二)高大模板支撑安全控制

鉴于高大模板支撑系统通常承受着巨大的荷载,并确保施工过程中的结构稳定性,因此,对其安全控制必须采取严谨而全面的策略。首先,在材料选择方面,应严格选用合格的模板及其配件。这意味着所选材料必须符合国家或行业标准,具备良好的物理力学性能,以确保其能够承受施工过程中的各种荷载。其次,在搭设和加固工作中,必须严格按照规范要求进行操作。这包括模板支撑的布局设计、搭设顺序、连接方式以及加固措施等。任何偏离规范的操作都可能对模板支撑系统的整体稳定性造成不利影响。最后,加强模板支撑系统的监测和检查工作也是确保安全的关键环节。通过定期或不定期的监测,可以及时发现模板支撑系统的变形、位移或损坏情况。同时,检查工作也不容忽视,它包括对模板支撑系统的各个组成部分进行全面细致的检查,以确保其承载力和稳定性始终满足施工要求。

五、施工安全生产技术措施编制

安全生产技术措施和方案的编制,必须考虑施工现场的实际情况、施工特点及周围作业环境,措施要有针对性。凡施工过程中可能发生的危险因素及建筑物周围外部环境不利因素等,都必须从技术上采取具体且有效的措施予以预防。同时,安全生产技术措施和方案必须有设计、有计算、有详图、有文字说明。施工安全生产技术措施编制要求如表3-1所示。

表3-1　施工安全生产技术措施编制要求

类别	内容
及时性	(1)安全性措施在施工前必须编制好,并且经过审核批准后正式下达施工单位,以指导施工。 (2)在施工过程中,设计发生变更时,安全技术措施必须及时变更或做补充,否则不能施工。 (3)施工条件发生变化时,必须变更安全技术措施内容,并及时经原编制、审批人员办理变更手续,不得擅自变更

续表3-1

类别	内容
针对性	（1）凡在施工生产中可能出现的危险因素,要根据施工工程的结构特点,从技术上采取措施,消除危险,保证施工的安全进行。 （2）要针对不同的施工方法和施工工艺,制定相应的安全技术措施。 （3）针对使用的各种机械设备、用电设备可能给施工人员带来的危险因素,从安全保险装置、限位装置等方面采取安全技术措施。 （4）针对施工中有毒、有害、易燃、易爆等作业可能给施工人员造成的危害,制定相应的防范措施。 （5）针对施工现场及周围环境中可能给施工人员及周围居民带来危险的因素,以及材料、设备运输的困难和不安全因素,制定相应的安全技术措施
具体性	（1）安全技术措施必须明确、具体,能指导施工,绝不能搞口号式、一般化。 （2）安全技术措施中必须有施工总平面图,在图中必须对危险的油库、易燃材料库、变电设备以及材料、构件的堆放位置,塔式起重机、井字架或龙门架、搅拌台的位置等,按照施工需要和安全组织的要求明确定位,并提出具体要求。 （3）安全技术措施及方案必须由工程项目责任工程师或工程项目技术负责人指定的技术人员进行编制。 （4）安全技术措施及方案的编制人员必须掌握工程项目概况、施工方法、场地环境等第一手资料,并熟悉有关安全生产法规和标准,具有一定的专业水平和施工经验

第四节 安全管理体系、制度以及实施办法

一、安全管理体系的构建

(一)体系定义与重要性

1.SMS 对建筑施工安全的全面保障

在建筑施工这一复杂且高风险的行业中,SMS 的构建显得尤为关键。建筑施工现场往往涉及大量重型机械、高空作业和多种化学材料,任何一个环节的疏忽都可能导致严重的安全事故。SMS 通过系统性地识别这些潜在风险点,比如操作不规范、设备老化或环境因素等,为安全管理提供了有力支持。SMS 中的风险评估机制能够对施工现场的各种风险进行科学量化,从而确定风险的大小和可能性。这种评估不仅依赖历史数据和专家判断,还结合了现场实时监测的数据,使得风险管理更加精准和高效。同时,SMS 还包括一套完整的应急响应计划,确保在发生事故时能够迅速、有效地进行应对,最大限度地减少损失。此外,SMS 还强调员工的安全培训和安全意识提升。通过定期的安全教育和实战演练,员工能够更清晰地了解如何在紧急情况下采取正确行动,这不仅增强了他们的自我保护能力,也为整个施工现场的安全文化打下了坚实基础。

2.SMS 对建筑施工质量和企业可持续发展的推动作用

除了保障施工安全,SMS 还对建筑施工质量和企业的长远发展产生深远影响。在质量管理体系中,安全与质量是密不可分的。

一个安全的施工环境有助于减少工程中的错误和返工,从而提高整体工程质量。SMS通过明确的标准和流程,确保了施工过程的规范性和一致性。这种规范化管理不仅提升了工作效率,还大大降低了因操作不当而引起的质量问题。同时,SMS中的持续改进机制鼓励企业对施工过程进行不断优化,以适应不断变化的市场需求和行业标准。从长远来看,SMS对企业的可持续发展也起到了积极的推动作用。一个重视安全管理的企业,往往能够赢得更多的客户信任和市场份额。此外,减少安全事故和提高工程质量,能够显著降低企业的运营成本,提升盈利能力。这种良性循环有助于企业在激烈的市场竞争中保持领先地位,实现长期稳健的发展。图4-1为建立安全生产管理体系的目标。

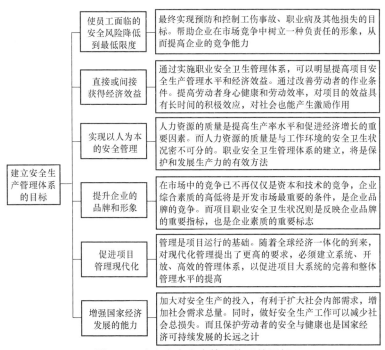

图4-1　建立安全生产管理体系的目标

(二)核心要素与标准遵循

1.SMS 的核心构成要素

SMS 的核心要素涵盖了战略方向、领导力与承诺、工作场所参与与协商、风险评估与管理、运行控制、绩效监测与测量、内部审核与管理评审等多个方面。这些要素相互关联,共同构成一个完整的安全管理体系。战略方向和领导力与承诺为 SMS 提供了顶层设计和方向指引。企业高层需要明确安全管理的战略地位,并通过强有力的领导力来推动各项安全管理措施的落实。同时,企业高层还需要对安全管理做出明确承诺,确保资源的投入和体系的持续改进。工作场所参与与协商强调员工的积极参与和沟通协商,这是实现安全管理全员参与的重要基础。通过广泛征求员工意见,可以及时发现并解决潜在的安全问题,提升整个体系的有效性和适应性。风险评估与管理是 SMS 的核心环节,通过对潜在风险的全面识别和评估,企业可以制定出针对性的控制措施,降低事故发生的可能性。同时,运行控制确保各项安全措施在日常工作中的有效执行,防止因操作不当而引发的安全事故。绩效监测与测量则是对 SMS 运行效果的实时跟踪和评估,通过定期收集和分析数据,企业可以及时了解体系运行状况,为后续的改进提供决策依据。内部审核与管理评审则是对整个 SMS 的定期检查和评价,旨在发现体系中的不足并推动持续改进。

2.构建 SMS 应遵循的国际或国内标准

在构建 SMS 过程中,企业应遵循国际或国内的相关标准,如《职业健康安全管理体系标准》(ISO 45001)等。这些标准为企业提供了构建 SMS 的具体指南和要求,有助于确保体系的科学性、系统性和可操作性。遵循这些标准,企业可以建立起一个符合国际规范的安全管理体系,提升企业的安全管理水平。同时,这些标准也为企业提供了一种通用的安全管理语言,便于企业与国际接轨,开展国际合作与交流。此外,遵循国际标准还有助于企业提升品牌形象和市场竞争力。通过获得相关认证,企业可以向外界展示其在安全管理方面的专业性和承诺,从而赢得更多客户的信任和认可。

二、安全管理制度的重要性

(一)保障生产经营与人员安全

1.规范生产活动与提升运营效率

安全管理制度通过明确各项操作规范、安全标准和应急响应流程,为企业内的生产活动提供了明确的指导。这种制度的存在,使得员工在进行日常工作时有了清晰的行为准则,知道在何种情况下应如何行动,从而大大降低了因操作不当或判断失误而引发的安全风险。更进一步地说,这种规范性不仅体现在单一的操作层面,还体现在对整个生产流程的宏观管理上。通过制度的系统性设计,企业能够实现对生产资源的合理配置,优化生产流程,减少浪费和重复劳动,从而在确保安全的前提下,提升了运营的整体效率。

2.强化员工安全意识与社会责任履行

安全管理制度的另一个重要作用在于它能够有效地提升员工的安全意识。制度中明确的安全培训和定期演练要求,使得员工不仅从理论上了解安全知识,更能在实践中加深理解和应用。这种深入骨髓的安全意识,使得员工在日常工作中能够时刻保持警惕,及时发现并处理潜在的安全隐患,从而大大减少事故的发生。而这种对安全的重视和保障,不仅关乎企业内部的运营稳定,更体现了企业对外部社会的责任担当。在现代社会,企业的运营不再仅仅是追求经济利益,更需要承担起相应的社会责任。一个重视安全、能够有效保障员工和公众生命财产安全的企业,无疑会赢得更多的社会信任和尊重。

(二)降低事故成本与提升品牌形象

1.降低事故成本与经济损失

重大安全事故一旦发生,其直接后果往往是企业必须承担的巨大经济损失。这包括事故现场的设备损坏、人员伤亡的赔偿,以及因此导致的生产停滞等。然而,这些仅仅是直接成本。事实上,重大事故还会引发一系列间接成本,如停工期间的产值损失、客户订单的延误或取消,以及可能需要投入的大量资源和时间来处理事故后续问题等。这些成本虽不直观,但对企业财务的负面影响同样巨大。建立完善的安全管理制度,通过系统化的风险评估、预防和控制措施,可以显著降低事故的发生率。这意味着企业能够减少因事故导致的直接和间接经济损失,保持生产的连续性和稳定性。这种管理制度不仅要求企业对潜在风险进行全面识别,还强调对已有安全措施的持续监控和改进,从而确保企业运营的安全性和高效性。

2.提升品牌形象与市场信任

在高度信息化的今天,企业的每一次安全事故都可能迅速成为公众关注的焦点。这种负面信息的传播不仅会损害企业的声誉,还可能导致其品牌形象受到长期影响,令客户、合作伙伴以及社会公众对企业的安全管理能力产生怀疑,进而可能影响企业的市场拓展和业务合作。一个重视并投入安全管理的企业,通过展示其严谨的安全管理制度和有效的风险控制措施,能够向客户和公众传递出强烈的责任感和专业性。这种正面形象不仅有助于提升企业的品牌价值,还能增强其在市场中的信任度和竞争力。在激烈的市场竞争中,一个安全记录良好的企业往往更容易获得合作伙伴的青睐和客户的忠诚。

三、安全管理制度的主要内容

(一)安全生产责任制

1.明确安全责任与权利分配

安全生产责任制首先在企业内部建立了一个清晰的责任与权利框架。在这个框架中,每个部门、岗位以及个体员工都被赋予了明确的安全职责。这种职责划分不仅仅是任务分配,更是一种权利与义务的平衡。每个部门和岗位都需要了解自己的安全责任范围,知晓在何种情况下应如何行动,以及拥有哪些决策权和执行权。此外,这种责任制度还明确了各级人员之间的相互关系,包括上下级之间的指导与监督关系,以及平级之间的协作与配合关系。这种关系的明确有助于形成高效的安全管理网络,确保在安全问题出现时能够迅速响应,有效处置。

2.形成全员参与的安全管理格局

安全生产责任制的另一个显著特点是其强调的全员参与性。通过逐级签订安全责任书,每个员工都被纳入这个安全管理体系中,成为保障安全生产的重要一环。这种做法不仅提升了员工的安全意识,更让他们在实际操作中能够自觉遵守安全规程,主动防范潜在风险。同时,全员参与还体现在全过程的安全控制上。从生产计划的制订到产品的最终出厂,每一个环节都有明确的安全责任人进行把关。这种全过程的安全监控确保企业在追求经济效益的同时,始终将安全放在首位。安全生产责任制的实施,还有助于形成企业内部的安全文化。当每个员工都认识到自己在安全生产中的责任和角色,并积极参与到安全管理的实践中时,这种文化就会逐渐渗透到企业的每一个角落。这种文化的形成,不仅提升了企业的整体安全管理水平,也为企业的长远发展奠定了坚实的基础。

(二)安全教育培训制度

1.安全教育培训计划的制订与针对性实施

企业必须制订详尽的安全教育培训计划,这一计划需要全面考虑不同岗位、不同经验和技能水平的员工。因为不同岗位面临的安全风险各异,员工所需的安全知识和技能也自然不同。例如,一线操作人员可能需要更加深入地了解机械操作的安全规程和应急处理措施,而管理人员则需要对安全管理体系和法律法规有更全面的把握。此外,培训计划还应考虑到员工的不同阶段,从新入职员工到资深员工,他们的培训需求也是分层次的。新员工可能需要更多的基础安全知识和操作技能培训,而资深员工则可以通过高级培训来进一步提升其应对复杂安全情况的能力。

2.全面而深入的安全教育培训内容

培训内容的设计是安全教育培训的核心。它必须全面覆盖安全生产法律法规、安全操作规程以及应急救援知识等多个关键领域。安全生产法律法规的培训能够确保员工明确自身的权利和义务,在工作中始终遵守法律红线。安全操作规程的培训则旨在使员工熟练掌握各种设备和工具的安全使用方法,避免因操作不当而引发事故。同时,应急救援知识的培训同样不可忽视。在紧急情况下,员工能否迅速而正确地采取措施,往往直接关系到事故后果的严重程度。因此,培训内容应包括应急逃生、初步急救措施以及事故报告等关键知识点,确保员工在关键时刻能够做出正确反应。

(三)安全检查与隐患排查制度

1.建立健全安全检查机制

安全检查机制的建立,是企业安全管理中的一项基础性工作。它要求企业定期对生产设备、设施以及作业环境进行全面而细致的检查。这种检查不仅仅是物理性的查看,更包括对各种安全标准、操作规程执行情况的审核。通过这一机制,企业能够及时发现生产过程中的潜在安全隐患,如设备老化、操作不规范、环境不适宜等问题。安全检查的过程需要专业性和系统性。专业性体现在检查人员需要具备相关的安全知识和技能,能够准确识别各种安全隐患。系统性则要求检查过程必须全面覆盖所有关键领域,不留死角。只有这样,才能确保检查的有效性和可靠性。

2.隐患排查治理台账的建立与管理

隐患排查治理台账是企业安全管理中的一项重要工具。它要求企业对排查出的各种隐患进行详细的记录、分类和管理。这种台账不仅有助于企业全面了解当前存在的安全问题,更能为后续的整改工作提供有力的数据支持。通过建立隐患排查治理台账，企业可以实现对隐患的跟踪管理。每一个隐患从发现到整改直至最终消除，其全过程都会被详细记录。这种管理方式不仅提高了安全隐患处理的透明度，也确保了每一个隐患都能得到及时有效的处理。同时，隐患排查治理台账还为企业提供了宝贵的安全管理经验。通过对历史隐患数据的分析，企业可以找出安全管理的薄弱环节，进而优化现有的安全管理制度和流程。这种基于数据的决策方式，使得企业的安全管理更加科学和高效。

（四）应急管理制度

1.构建完善的应急预案体系

企业应构建一套完善的应急预案体系，这一体系不仅是纸面上的规划，更是实际操作中的行动指南。预案体系中应明确应急组织机构的设置，这包括应急指挥中心的建立、应急小组的划分以及各小组之间的协作机制。明确的组织机构能够确保在紧急情况下，各个部门和人员能够迅速找到自己的位置，发挥各自的作用。同时，预案体系中还应详细规定职责分工。每个应急小组和成员都应清楚自己的职责范围和工作任务，以便在紧急情况下能够迅速投入到应急处置中去。此外，处置程序也是预案体系中的重要组成部分，它应涵盖从事件发生到最终处置完毕的全过程，包括初步响应、现场控制、人员疏散、医疗救治、事后恢复等各个环节。

2.定期组织应急演练活动

除了构建完善的应急预案体系外，企业还应定期组织应急演练活动。这些演练不仅是对预案体系的有效检验，更是提高员工应急反应能力和自救互救能力的重要途径。通过模拟真实的突发事件场景,让员工在实战中学习和掌握应急处置的技能和方法。应急演练活动的设计应紧密结合企业的实际情况和可能面临的风险点,确保演练的针对性和实效性。在演练过程中,还应注重对员工进行心理疏导和压力测试,帮助他们在面对突发事件时能够保持冷静、理智应对。演练结束后,企业应及时对演练过程进行总结和评估,找出存在的问题和不足,并针对这些问题进行改进和完善。通过这种方式,企业的应急管理制度能够不断得到优化和提升,从而更好地保障企业的安全稳定运营。

四、安全管理制度的实施办法

(一)加强组织领导与责任落实

1.成立专门的安全管理机构或领导小组

企业应成立专门的安全管理机构或领导小组,这一机构或小组将成为企业安全管理的核心力量。它们不仅负责制定全面的安全管理制度和规程,还需监督这些制度和规程的实施情况。这意味着,安全管理机构或领导小组需要具备深厚的专业知识和实践经验,以便能够针对企业的实际情况,制定出既符合法律法规要求,又能有效预防和控制风险的措施。此外,安全管理机构或领导小组还承担着监督的职责。它们需要定期对各部门的安全工作进行检查和评估,确保各项安全措施得到有效执行。在发现问题时,应及时提出整改意见,并跟踪整改情况,直至问题得到彻底解决。

2.领导层对安全管理工作的重视与参与

企业各级领导在安全管理工作中的角色至关重要。他们不仅是安全管理制度的制定者,更是执行者和监督者。领导层应亲自抓安全管理工作,将安全视为企业发展的前提和基础。为此,将安全责任纳入业绩考核体系之中是必要的举措。通过这种方式,可以明确各级领导在安全管理中的责任,激励他们更加积极地履行安全职责。同时,为了确保责任到人、落实到位,企业还应明确各岗位的安全职责和权限范围。这不仅包括一线操作人员,也涵盖管理层和决策层。每个岗位都应清楚自己在安全管理中的位置和角色,知道如何正确履行安全职责,并在遇到安全问题时能够迅速做出反应。这种全员参与的安全管理模式,有助于形成企业内部的安全文化,使每个员工都能自觉遵守安全规定,共同维护企业的安全稳定。而领导层的重视和参与,则为这种文化的形成提供了有力的支持和保障。

(二)强化宣传教育与培训考核

1.多渠道开展安全宣传教育活动

企业应当充分利用多种渠道和形式,广泛而深入地开展安全宣传教育活动。这些活动不仅限于传统的宣传栏、安全讲座等形式,还可以借助现代科技手段,如企业内部网站、微信公众号等线上平台,定期发布安全知识、案例分析等内容。此外,实地模拟演练、安全知识竞赛等互动式活动也能够有效增强员工的学习兴趣和参与度。通过这些宣传教育活动,企业能够有效地提升员工对安全问题的认知和理解,使他们更加深刻地意识到安全在工作和生活中的重要性。同时,这些活动还有助于培养员工的自我保护能力,使他们在面对潜在的安全风险时能够迅速做出正确判断和应对。

2.加强安全培训考核力度

安全培训是企业提高员工安全意识和技能的重要手段,但培训的效果往往需要通过考核来验证。因此,企业应加强对安全培训工作的考核力度,确保培训内容不仅被员工学习吸收,而且能够在实际操作中得到应用。考核的形式可以多样化,包括书面测试、实际操作演练、小组讨论等,以全面评估员工对安全知识和技能的掌握情况。同时,企业应建立完善的考核机制,对考核结果进行分析和总结,针对存在的问题和不足制定改进措施。对于新入职员工和转岗员工等特殊群体,由于他们对新岗位的安全要求和操作规程可能不够熟悉,因此企业应组织专门的安全教育培训活动。这些活动应重点介绍岗位的安全风险点、操作规程以及应急处置方法等内容,并在培训结束后进行严格考核验收。只有通过考核的员工才能正式上岗,以确保他们具备必要的安全意识和操作技能。

(三)建立健全安全监管体系

1.全面监督和管理生产环节

为了对生产过程中的各个环节进行全面监督和管理,企业应首先设立专职或兼职的安全员。这些安全员应具备专业的安全知识和技能,他们的主要职责是对生产现场进行定期和不定期的安全检查,以确保所有操作都符合安全规程。通过他们的努力,可以及时发现并纠正违章作业、违章指挥等不安全行为,从而有效预防事故的发生。此外,建立安全巡查制度也是非常重要的一环。企业应制订详细的巡查计划和标准,明确巡查的频率、内容和要求。巡查过程中,不仅要关注生产设备、设施的安全状况,还要对员工的操作行为进行监督,确保他们严格遵守安全操作规程。通过持续的安全巡查,企业可以及时发现并解决潜在的安全隐患,确保生产过程的安全稳定。

2.加强对外部施工单位和人员的安全监管

在现代企业中,外部施工单位和人员的参与越来越普遍。然而,这些单位和人员可能对企业的安全规程和文化不够了解,从而增加了安全风险。因此,加强对他们的安全监管力度显得尤为重要。企业应首先明确外部施工单位和人员的安全责任和要求,与他们签订安全协议,明确双方的安全职责和义务。在施工过程中,企业应指派专职或兼职的安全员对施工现场进行定期和不定期的安全检查,确保施工单位严格遵守安全规程。同时,企业还应加强对施工单位的安全教育和培训。通过向他们传授企业的安全文化、操作规程和应急处置方法等知识,提高他们的安全意识和自我保护能力。这样不仅可以降低施工过程中的安全风险,还能促进企业与施工单位之间的良好合作关系。

(四)完善应急响应与处置机制

1.建立健全应急响应与处置机制

为了有效应对突发事件,企业必须首先建立健全应急响应与处置机制。这一机制的核心在于确保在突发事件发生时,能够迅速启动应急预案,调动企业内外的资源进行有效应对。企业应制定详细的应急预案,明确应急响应的流程和各个环节的职责,以确保在紧急情况下能够有条不紊地进行处置。为了提高应急响应速度和处置能力,企业需要采取一系列措施。首先,定期组织应急演练活动是至关重要的。通过模拟真实的突发事件场景,企业可以检验应急预案的可行性和有效性,同时让员工熟悉应急响应的流程和操作,提升他们的实战能力。其次,加强应急物资储备和更新也是必不可少的。企业应根据可能面临的突发事件类型,储备必要的应急物资,并定期检查、更新,以确保在紧急情况下能够及时投入使用。

2.加强与政府相关部门的沟通协调

在应对突发事件时,企业往往需要外部的支持和帮助。因此,加强与政府相关部门的沟通协调工作显得尤为重要。企业应明确专门的对外联络人员或部门,负责与政府部门进行对接,及时传递企业的需求和情况。通过与政府部门的紧密沟通,企业可以在需要时获得及时有效的支持和帮助。例如,在应对自然灾害等突发事件时,政府可以提供救援物资、专业救援队伍等支持;在应对公共卫生事件时,政府可以提供医疗资源、防控指导等帮助。这些支持和帮助对于企业迅速恢复生产、减轻损失具有重要意义。同时,企业还应积极参与政府部门组织的应急培训和交流活动,了解最新的应急管理政策和技术,提升自身的应急管理水平。通过这些活动,企业可以与其他单位分享经验、学习借鉴,共同提高应对突发事件的能力。

第五章　公路工程建设

第一节　公路工程概述

一、公路工程的定义与分类

（一）行政层级划分及其意义

从行政层级角度来看,公路工程被划分为国道、省道、县道和乡道四个等级。这种划分方式体现了我国公路网络的层次性和系统性,有助于各级政府部门根据实际情况进行针对性的规划和管理。国道,作为连接全国各大城市和重要经济区的主干线,承载着大量的跨区域交通流量。因此,在国道的规划、设计和施工中,需要充分考虑其通行能力、安全性和舒适性,以确保长距离、大流量的交通需求得到满足。省道则是连接省内各城市和重要节点的公路,其建设和管理需要紧密结合地方经济发展战略,以促进区域内部的交流和合作。县道和乡道则更加贴近基层,主要服务于农村地区和偏远山区,对于提高当地居民的生活水平和促进农村经济发展具有重要意义。这种行政层级的划分方式,使得各级政府能够根据自身职责和资源情况,有针对性地进行公路工程的规划、投资和建设。同时,也有助于形成层次分明、布局合理的公路网络体系,从而更好地服务于国家经济发展和社会进步。

（二）功能型等级划分及其重要性

根据公路的使用任务、功能和流量，我国将公路划分为高速公路、一级公路、二级公路、三级公路和四级公路五个功能型等级。这种划分方式旨在确保公路的安全、畅通和高效运营。高速公路作为最高等级的公路，具有车速快、通行能力大的特点，是长途运输和快速交通的首选。其设计和施工标准极为严格，以确保行车安全和舒适度。一级公路和二级公路则分别承担着区域间和城乡间的重要交通任务，对于促进区域经济发展和社会交流具有重要作用。而三级公路和四级公路则更多地服务于农村地区和偏远地区，为当地居民提供便捷的交通条件。功能型等级划分不仅有助于合理分配交通流量、提高公路使用效率，还能为公路的规划、设计和施工提供明确的标准和指导。通过这种划分方式，可以根据实际需求和经济技术条件来选择适当的公路等级，从而实现资源的最优配置和社会效益的最大化。同时，这种划分方式也有助于提升公路工程的整体质量和水平，推动我国公路交通事业的持续发展。

二、公路工程的技术特点

（一）线形工程特性

1.线形布局与地理环境多样性

公路工程的线形布局意味着公路需要穿越各种地理环境，从平原到山区，从河流到荒漠。这种布局方式使得公路工程必须面对多变的地质条件和自然环境。因此，在公路的施工和设计过程中,必须充分考虑这些因素,以确保路基的稳定性和安全性。地理环境的多样性带来了诸多挑战。例如,在山区,公路可能需要穿越陡峭的山坡和深邃的峡谷,这就要求公路设计具有足够的灵活性和创新性,以适应复杂的地形条件。同时,在平原地区,虽然地形相对平坦,但土壤条件、水文状况等因素同样需要细致考虑,以确保路基的稳固。

2.地质特性的多变性与复杂性

地质特性的多变性和复杂性是线形工程特性中的另一个重要方面。由于公路穿越不同的地质单元,如沉积岩、火成岩、变质岩等,每种岩石的物理性质和工程性质都有所不同。这就要求在公路设计和施工中,必须对地质条件进行深入细致的勘察和分析。多变的地质特性不仅影响路基的稳定性,还可能对公路的使用寿命和安全性能产生深远影响。例如,在软土地区,路基的沉降和变形可能更为严重,需要采取特殊的工程措施来加强路基的稳定性。而在岩石地区,岩体的节理、裂隙等构造特征又可能对公路的开挖和支护提出更高的要求。为了应对地质特性的多变性和复杂性,公路工程的设计和施工团队需要具备丰富的专业知识和实践经验。他们需要通过详细的地质勘察和试验,准确掌握沿线地质条件的变化规律,从而制定出科学合理的施工方案和设计参数。

(二)工程构成的复杂性

1.多样的结构物类型

公路工程不仅仅局限于路基和路面的建设,它更是一个涵盖了桥梁、隧道、互通式立体交叉等多种复杂结构物的综合体系。这些结构物在公路工程中扮演着至关重要的角色,每一种都有其独特的设计和施工要求。例如,桥梁作为跨越河流、沟壑或其他障碍物的重要构造,其设计需充分考虑到桥墩、桥面和桥身的结构稳定性,同时还要兼顾桥梁的美学价值和环境适应性。隧道则常常穿越山体,其设计施工必须应对复杂的地质条件,确保隧道内的照明、通风和安全设施完善。而互通式立体交叉则是解决交通节点拥堵问题的关键,它通过立体交叉的设计,实现了不同方向车流的互不干扰,大大提高了交通效率。

2.高度专业知识技术需求

由于公路工程涉及的结构物种类繁多,每种结构物的设计和施工都需要相应的专业知识和技术支撑。这要求公路工程的设计者和施工者不仅具备深厚的理论基础,还要有丰富的实践经验,能够根据不同地质条件、气候环境和使用需求,制定出科学合理的设计和施工方案。在桥梁设计中,工程师需要精确计算桥梁的承载能力、抗震性能和风载稳定性,以确保桥梁在使用过程中的安全性。在隧道施工中,需要采用先进的开挖技术、支护结构和防水措施,以保证隧道的稳定性和使用寿命。而互通式立体交叉的设计则需要综合考虑交通流量、车速、视线距离等多个因素,以实现交通的顺畅与安全。此外,随着科技的进步和新型材料的研发,公路工程的设计和施工技术也在不断更新换代。这就要求从业人员不断学习新知识,掌握新技术,以适应公路工程日益复杂多变的实际需求。

(三)施工过程的复杂性

1.工程形体庞大带来的挑战

公路工程通常涉及数十甚至上百千米的路段建设,这使得整个工程形体异常庞大。在这样的规模下,施工过程不仅需要大量的材料、设备和人力资源,还要求施工单位具备高度的组织协调能力和精细的项目管理能力。首先,庞大的工程形体意味着施工现场将分散在广阔的地理区域内。这就要求施工单位能够合理安排施工进度和资源调配,确保各个施工段能够同步进行,避免因某一环节的延误而影响整个工程的进度。其次,随着工程形体的增大,施工过程中的质量控制难度也随之提升。施工单位需要建立完善的质量管理体系,对每个施工环节进行严格监控,确保每一部分工程的质量都符合设计要求,从而保障整个公路工程的稳定性和安全性。

2.长期连续施工作业的考验

公路工程由于其线性特征和地理环境的复杂性,往往需要在有限的工作面上进行长期、连续的施工作业。这对施工单位提出了极高的要求,尤其是在组织管理能力和技术水平方面。在组织管理能力方面,施工单位需要制订详尽的施工计划,合理安排人员和设备的使用,确保施工过程的高效进行。同时,施工单位还需要具备应对突发情况的能力,如天气变化、设备故障等,以减少这些因素对施工进度的影响。在技术水平方面,长期连续的施工作业要求施工单位采用先进的施工技术和方法,提高施工效率和质量。例如,利用自动化和智能化设备来减少人工操作,从而降低人为错误的风险;采用预制构件和模块化施工方法,以缩短施工周期并提高工程质量。此外,长期连续的施工作业还对施工人员的体力和心理素质提出了挑战。施工单位需要关注员工的身心健康,合理安排工作和休息时间,确保施工团队能够保持良好的工作状态。

三、公路工程的经济特性

（一）投资额巨大

1.国家对交通基础设施建设的战略重视

公路工程作为基础设施建设的核心组成部分,其建设投资额巨大,首先体现了国家对交通基础设施建设的战略重视。交通是国民经济的命脉,而公路作为最基础、最广泛的交通方式,其建设和发展对于提升国家整体交通能力具有举足轻重的作用。因此,国家投入巨额资金进行公路工程建设,旨在构建更加完善、高效的公路交通网络,以满足日益增长的交通需求,促进国家经济的持续健康发展。此外,巨大的投资额还反映了国家对提升区域连通性和促进区域均衡发展的深思熟虑。通过加大公路工程建设投资,国家能够推动偏远地区与中心城市的连接,缩小地区间的发展差距,实现资源的优化配置和经济的均衡发展。

2.公路工程在促进地区经济发展和社会进步中的关键作用

公路工程投资额巨大,不仅体现了国家的战略意图,更在于其在促进地区经济发展和社会进步中发挥着不可替代的作用。公路工程的建设能够直接带动相关产业的发展,如建材、运输、旅游等,从而创造大量的就业机会和经济效益。同时,便捷的公路交通网络能够降低物流成本,提高市场效率,为企业的生产经营和消费者的日常生活带来实实在在的便利。更为重要的是,公路工程的建设还能够推动社会进步。通过改善交通条件,公路工程能够促进城乡间的交流与融合,加速城市化进程,提高居民的生活水平。此外,公路工程的完善还能够提升地区的整体形象,吸引更多的外来投资和人才,为地区的长远发展注入新的活力。

(二)流动性强的施工特点

1.物流管理的挑战与应对策略

在公路工程施工过程中,由于施工人员和设备的流动性,物流管理变得尤为复杂。施工材料和设备的运输、储存和分发都需要精心的规划和执行。随着工程进度的推进,施工现场的位置会不断变化,这就要求物流系统能够快速适应这种变化,确保材料和设备能够及时准确地到达新的施工地点。为了应对这一挑战,施工单位需要制定科学的物流管理策略。首先,要对整个施工过程进行详细的物流规划,包括材料采购、运输路线、储存位置和分发计划等。其次,要利用现代信息技术,如物联网技术和大数据分析,实时跟踪材料和设备的状态与位置,以便及时调整物流方案。最后,要加强与供应商和运输商之间的沟通协调,确保物流过程的顺畅和高效。

2.成本控制的重要性与实施方法

流动性强的特点也使得成本控制成为公路工程管理的关键环节。随着施工地点的变化,会面临不同的环境条件、资源供应状况和劳动力成本,这些因素都会直接影响工程成本,因此施工单位需要密切关注市场动态,及时调整成本控制策略。在实施成本控制时,施工单位应该采取多方面的措施。首先,要进行全面的成本预算和分析,确定合理的成本目标。其次,要加强现场管理,减少材料和能源的浪费,提高资源利用效率。要优化施工流程,减少不必要的重复劳动和时间成本。最后,要建立健全成本核算和审计制度,确保成本数据的真实性和准确性,为成本控制提供科学依据。

第二节 公路基本建设程序 和公路设计的控制要素

一、公路基本建设程序

(一)前期调研与规划

1.前期调研的综合性与深入性

在公路基本建设的初期阶段,前期调研工作扮演着至关重要的角色。这一阶段的核心任务是对项目区域进行全方位、多维度的考察与分析,主要涉及地形地貌、交通流量以及环境影响等关键因素。这种调研不仅要求数据的精准性,更强调其全面性和深入性,以确保所获取的信息能够为后续工作提供坚实的支撑。在地形地貌方面,调研团队需要详细勘探项目区域的地质构造、土壤类型、水文条件等,这些数据对于路线选择、路基设计、桥梁与隧道的布局等具有决定性的影响。例如,对于地质条件复杂的区域,需要通过地质勘探明确岩土层的结构特性,以评估其承载能力和稳定性,从而指导后续的路基处理与加固方案。

2.前期调研在可行性研究与设计中的基础性作用

前期调研所收集的数据,不仅为后续的可行性研究提供了翔实的基础资料,更是整个公路设计工作的基石。交通流量的调研,能够帮助规划者理解道路的使用频率、高峰时段以及车辆类型分布,这些数据是确定道路等级、设计车道数量、设置交通标志与信号灯等的重要依据。例如,对于交通流量大的区域,可能需要设计更宽的车道或增设交通疏导设施,以确保道路的通行效率与安全性。同时,环境影响的调研也是不可或缺的一环。这一部分的调研旨在评估公路建设对周边环境的潜在影响,包括但不限于噪声、空气质量、水文环境以及生态多样性等方面。通过这些调研,可以制定出相应的环境保护措施和生态补偿方案,确保公路建设与环境保护之间的平衡。

(二)可行性研究

1.可行性研究的全方位考量

可行性研究,作为公路建设前的一个关键环节,其重要性不言而喻。这一阶段的研究不仅要求对经济、技术、社会、环境等多个层面进行深入的剖析,更需要对这些层面之间的相互关系进行细致入微的探讨。这种全方位的考量,旨在确保公路建设项目在多个维度上均能达到最优的配置和最高的效益。在经济层面,可行性研究需要对项目的投资规模、资金来源、回报周期等进行详尽的估算和分析。这不仅涉及项目的初始投资,还包括运营期间的维护费用、更新改造费用等。通过这些分析,决策者能够更清晰地了解到项目的经济效益,从而做出更为明智的投资决策。

2.技术方案比选与经济效益评估的重要性

技术方案的比选是可行性研究中的又一重要环节。在这一过程中,研究者需要对多种可能的技术方案进行全面的比较和评估,包括路线的选择、桥隧的布局、路面的材料选择等。每一个技术决策都可能对项目的整体性能和经济效益产生深远影响。因此,这一阶段的研究必须严谨而细致,以确保所选技术方案既能满足实际需求,又能在经济效益上达到最优。与此同时,经济效益的评估也是至关重要的。这不仅涉及项目的直接经济效益,如通行费的收入、运输成本的降低等,还包括间接经济效益,如区域经济的带动、就业机会的增加等。通过这些评估,可以更为全面地了解项目的综合效益,从而为项目的立项提供更为有力的经济支撑。

(三)初步设计

1.基于可行性研究的综合设计考量

在公路建设的初步设计阶段,设计人员担负着根据可行性研究结果进行具体设计的重任。这一阶段,路线选定、横断面设计、桥梁隧道布局等核心工作逐步展开,每一项决策都需经过深思熟虑。设计人员在绘制蓝图时,必须综合考虑多种因素,确保设计方案在技术上的可行性与经济上的合理性。路线的选定是初步设计中的首要任务。设计人员需根据地形地貌、地质条件以及环境保护要求,寻找最优路径。这不仅涉及路线的直线性、纵坡和横坡的合理性,还要考虑沿线居民的生活影响和自然景观的保护。此外,地质勘探数据在这一阶段起到至关重要的作用,它帮助设计人员避开潜在的地质灾害区域,确保路线的安全性和稳定性。

2.自然条件与实际需求的平衡

横断面设计是公路设计中的另一个关键环节。设计人员需要根据交通流量的预测和行车安全的要求,来确定车道的宽度、路肩的大小以及排水设施的设置。在这一过程中,地形的起伏、土壤的承载能力以及气候条件都是不可忽视的因素。例如,在多雨地区,排水系统的设计就尤为重要,以防止路面积水和影响行车安全。与此同时,桥梁和隧道的设计也是初步设计中的重点。这些结构的设计不仅要求结构上的稳固性和耐久性,还要考虑其与周围环境的和谐性。特别是在山区或河流密布的区域,桥梁和隧道的设计往往决定着整个路线的成败。设计人员需要利用先进的工程技术和创新的设计理念,来确保这些关键结构的既安全可靠又经济高效。

(四)施工图设计

1.施工图设计的深度与精确性

施工图设计阶段是公路建设工程设计流程中的关键环节,它是在初步设计基础上的细化和具体化。在这一阶段,设计人员需根据初步设计所确定的路线、横断面、桥梁隧道等方案,进一步开展详细设计,并形成具体的施工图纸。这一过程的复杂性和精细度远超过初步设计阶段,因为它涉及公路建设的每一个具体构造和细节。设计人员在这一阶段的任务不仅是将初步设计转化为可施工的图纸,更要确保图纸中的每一个元素都经过精确计算和细致考虑。例如,桥梁的每一根钢筋、每一个连接点的设计都需要严格按照结构力学和工程材料学的原理来进行,以确保施工完成后的结构安全性和使用稳定性。此外,施工图纸还需要明确标注出各项工程的尺寸、材料、施工方法等信息,为施工队伍提供清晰、准确的指导。

2.工程量清单与预算编制的全面性和前瞻性

与施工图纸的制定同步进行的是工程量清单和预算的编制工作。这两项工作对于控制工程成本、优化资源配置以及确保施工进度具有至关重要的作用。工程量清单需要详细列出每一项工程所需的材料种类、数量和规格,以及相应的施工工艺和设备需求。这不仅有助于施工队伍准确掌握工程需求,还能为材料采购和设备租赁提供明确依据。预算编制则是在工程量清单的基础上,结合市场价格和施工条件,对整个工程的成本进行合理预估。预算不仅包括直接成本,如材料费、人工费、机械使用费等,还包括间接成本和管理费用。通过科学的预算编制,项目管理者可以更有效地进行成本控制,避免资源浪费和预算超支的情况发生。

(五)施工与监理

1.严格按照施工图纸执行施工流程

施工阶段,作为公路建设的核心环节,涵盖了路面铺设、桥梁构筑、路基加固等一系列复杂且精细的工作。这一阶段要求施工团队不仅具备高超的技术水平,更需对施工图纸有深入的理解和严格的遵循。在施工过程中,每一个细节都至关重要。例如,在路面铺设时,材料的选择、混合比例、铺设厚度以及压实方法等都需精确控制,以确保路面的平整度、耐久性和行车安全性。桥梁建设则更为复杂,从桥墩基础的施工到桥面的铺装,每一步都必须按照施工图纸精确执行,否则将严重影响桥梁的承载能力和使用寿命。安全是施工阶段的另一重要考量。施工现场的安全管理、工人的个人防护、临时设施的稳定性等,都是保障施工安全的关键因素。此外,对环境影响的控制也是现代施工不可或缺的一部分,包括施工噪声、尘土飞扬等问题的有效管理,以减轻对周边环境和社区的影响。

2.监理工作在保障施工质量和规范中的关键作用

与施工阶段紧密相连的是监理工作,它在整个施工过程中起着举足轻重的监督与指导作用。监理人员需具备深厚的专业知识和丰富的实践经验,以确保施工过程的每一步都严格符合设计和规范要求。监理工作的核心在于对施工质量的全面把控。这包括对材料质量的检查、施工工艺的审核、工程进度的监控以及安全措施的落实等。监理人员需定期巡查施工现场,对发现的问题及时提出整改意见,并监督其落实情况。通过这种全方位的监督,可以极大地减少施工质量问题的出现,保障公路建设的整体品质。同时,监理工作还是沟通设计与施工之间的桥梁。监理人员需准确理解设计意图,并将其转化为具体的施工要求,确保施工团队能够准确执行。在遇到设计变更或施工难题时,监理人员还需协调各方资源,提出解决方案,以确保工程的顺利进行。

(六)竣工验收与交付使用

1.质量检查与安全评估的全面性

公路建设工程在完成所有施工工序后,迎来了关键的竣工验收阶段。这一阶段是对整个建设过程的综合检验,主要目的是对建设工程的质量进行全面检查,并进行详尽的安全评估。这一过程中,专业的验收团队会依据国家及行业的相关标准和规范,采用先进的检测设备和技术手段,对公路的各个组成部分进行严格的质量把关。质量检查包括但不限于路面平整度、桥梁结构的稳定性、隧道内的照明与通风系统等关键指标。每一项检查都旨在确保公路工程的每一个细节都达到了预设的标准和要求。同时,安全评估则侧重于对公路使用过程中的潜在风险进行识别和评估,包括但不限于交通标志的清晰度、防护设施的完善度以及应急通道的畅通性等。

2.公路交付使用的社会意义

经过严格的质量检查和安全评估后,若公路工程达到了规定的标准和要求,便可正式通过竣工验收。这一步骤不仅标志着建设阶段的圆满结束,更意味着公路可以正式交付使用,开始其服务社会公众的使命。公路作为现代社会交通网络的重要组成部分,其安全性、便捷性和高效性直接关系到公众的出行体验和社会经济的发展。通过竣工验收的公路,将为公众提供一个安全、顺畅的交通环境,有效促进区域间的交流与合作,助力社会经济的持续健康发展。此外,通过严格的竣工验收流程,还能进一步提升公众对公路建设的信任度。这种信任不仅是对建设单位技术能力和职业操守的认可,更是对整个社会基础设施建设质量的肯定。因此,竣工验收不仅是公路建设过程中的一个必要环节,更是连接建设与使用、理想与现实的重要桥梁。

二、公路设计的控制要素

(一)设计车辆

1.设计车辆的基础性地位

在公路工程的规划与设计过程中,设计车辆扮演着至关重要的角色。它不仅是公路设计的出发点,也是确保道路使用功能与安全性能得到充分发挥的关键因素。设计车辆的选择直接决定了路面的承载能力、桥梁的结构强度以及整个交通系统的运行效率。因此,在公路设计的初期阶段,明确设计车辆的类型和特性是至关重要的。设计车辆的选择必须基于深入的交通流量分析、车辆类型统计以及未来交通发展的预测。这样不仅能确保当前道路设施能够满足实际的交通需求,还能为未来交通流量的增长预留足够的空间。同时,设计车辆的选择也直接影响到道路材料的选用、结构设计的合理性以及施工方法的确定,因此必须给予高度的重视。

2.针对不同类型设计车辆的合理路面和桥梁设计

设计车辆根据使用目的、结构特点和发动机类型的不同,可以分为多种类型,如小型汽车、大型货车、集装箱车等。这些不同类型的车辆在重量、轴距、轮距以及行驶速度等方面都存在显著差异,因此,在公路设计中必须充分考虑这些差异,以确保行车安全和舒适性。对于路面设计而言,不同类型的设计车辆对路面的压强和磨损程度各不相同。因此,路面材料的选择、厚度的确定以及排水系统的设计等都需要根据设计车辆的类型和特性进行合理调整。例如,对于重型货车频繁行驶的路段,应选用耐磨性强、抗压能力好的材料,并适当增加路面厚度,以提高路面的承载能力和使用寿命。在桥梁设计方面,设计车辆的重量和轴距直接影响到桥梁的荷载标准和结构设计。对于重型车辆通行的桥梁,需要采用更加坚固的桥墩和梁体结构,以确保桥梁的承载能力和稳定性。同时,桥梁的桥面铺装材料也需要根据设计车辆的特性进行选择,以保证桥面的平整度和耐久性。表4-1为设计车辆外廓尺寸。

表4-1 设计车辆外廓尺寸

外廓尺寸 车辆类型	总长/m	总宽/m	总高/m	前悬/m	轴距/m	后悬/m
小客车	6	1.8	2	0.8	3.8	1.4
载重汽车	12	2.5	4	1.5	6.5	4
鞍式列车	16	2.5	4	1.2	4+8.8	2

（二）设计速度

1.设计速度的定义及其在公路设计中的核心地位

设计速度,作为公路设计中的关键控制要素,其定义在公路工程领域具有特定的含义。它指的是在理想的气候条件下,即天气状况良好、能见度高,且交通密度相对较小,车辆行驶过程中主要受到公路本身条件限制时,一个具备中等驾驶技术的驾驶员能够安全、顺畅地驾驶车辆的速度。这一速度的设定不仅关乎道路使用的安全性和舒适性,更是公路设计整体效率和流畅性的重要体现。在公路设计的各个环节中,设计速度都扮演着至关重要的角色。它直接影响了道路的线形设计、视距要求、纵坡和横坡的设定等多个方面。因此,合理确定设计速度对于确保公路设计的质量和安全性具有不可替代的作用。

2.设计速度确定过程中的综合考量

设计速度的确定并非一个简单的任务,而是需要综合考虑多重因素。首先,公路的功能和等级是决定设计速度的重要因素之一。不同功能和等级的公路,其设计速度必然存在差异。例如,高速公路的设计速度通常会高于一般城市道路。其次,交通量的考虑也至关重要。交通量的大小直接影响到车辆行驶的流畅性和安全性。在高交通量的路段,设计速度可能需要相应调整,以确保车辆能够高效且安全地通过。此外,沿线地形和地质条件也是设计速度确定中不可忽视的因素。复杂多变的地形和地质条件可能会对车辆的行驶速度产生限制。例如,在山区或地质不稳定区域,设计速度可能需要降低以确保行车安全。表4-2表示的就是各级公路设计速度。

表 4-2　各级公路设计速度

公路等级	高速公路			一级公路			二级公路		三级公路		四级公路
设计速度/（km/h）	120	100	80	100	80	60	80	60	40	30	20

（三）交通量

1.交通量的定义及其在公路设计中的关键性

交通量,这一术语在公路设计与交通工程领域中具有核心地位。它特指单位时间内,通过道路某一特定断面的车辆数量。这一指标不仅直观地反映了道路交通的繁忙程度,更是评估公路使用状况、进行交通规划与设计的基础数据。交通量的精确测定和深入分析,对于优化道路布局、提高交通效率以及确保行车安全都具有至关重要的意义。在公路设计的初期阶段,对交通量的调查和预测是不可或缺的环节。这不仅有助于了解当前的道路使用状况,更能为未来的交通发展提供有力的数据支持。通过对交通量的细致分析,设计师能够更准确地评估公路建设的必要性和可行性,从而制定出更为合理、高效的公路建设方案。

2.交通量在公路设计参数规划中的应用

交通量的实际数据和预测趋势,在公路设计的多个方面均发挥着决定性作用。其中,最为直接的影响便体现在道路宽度和车道数的规划上。设计师需根据交通量的大小和特性来精确计算所需的道路宽度,以确保在各种交通状况下,车辆都能顺畅、安全地通行。车道数的确定同样依赖于对交通量的深入分析。在交通量较大的区域,增设车道可以有效提升道路的通行能力,减少拥堵现象的发生。而在交通量相对较小的地区,则可以适当减少车道数,以节约建设成本,同时避免资源的浪费。此外,交通量的数据还为公路设计中的其他关键参数提供了参考依据,如交叉口的设计、信号灯的配时方案以及路边停车位的规划等。这些细节的精准把控,都是建立在对交通量深入理解的基础之上。

(四)通行能力

1.通行能力的定义及其在公路设计中的必要性

通行能力,作为一个关键的交通工程概念,指的是在特定的道路和交通环境条件下,某一路段能够有效处理的车流量。这一指标直接反映了道路设施对于车流的容纳和疏导能力,是评估道路交通性能的重要依据。在公路设计的各个环节中,充分考虑通行能力的要求至关重要,它不仅关系到公路是否能够满足预期的交通需求,还直接影响到道路使用的效率和安全性。在现代交通系统中,随着车辆数量的不断增加和交通流量的日益增长,对公路通行能力的要求也愈发严格。设计师在进行公路设计时,必须根据预期的交通流量和车辆类型,合理规划道路的布局和结构,以确保公路具备足够的通行能力。这不仅能够保障道路交通的顺畅运行,还能有效减少交通拥堵和交通事故的发生,从而提升公路的整体使用效益。

2.通行能力的计算、分析及其对设计方案的优化作用

通行能力的计算和分析是公路设计过程中不可或缺的一环。通过科学的计算方法,可以准确评估出公路各路段在不同交通条件下的通行能力,为设计方案的优化提供有力的数据支持。这一过程通常涉及对道路宽度、车道数、交叉口设计等多个方面的综合

考虑,以确保公路的通行能力与实际交通需求相匹配。在具体的设计实践中,通行能力的分析不仅有助于发现潜在的设计缺陷,还能为设计师提供改进的方向和思路。例如,当发现某一路段的通行能力低于预期时,设计师可以通过调整车道布局、优化交通信号灯控制系统等方式来提升该路段的通行效率。这种基于通行能力分析的设计优化,不仅能够提高公路的运行效率,还能在一定程度上增强道路交通的安全性。

第三节 道路的基本体系及分类

一、道路的基本体系

(一)线形组成

道路线形是指道路中线的空间几何形状和尺寸。这一空间线形投影到平、纵、横三个面分别绘制成反映其形状、位置和尺寸的图形,就是公路的平面图、纵断面图和横断面图。公路设计中,平、纵、横三方面是相互影响、相互制约、相互配合的,设计时应综合考虑。

平面线形由直线、圆曲线和回旋线等基本线形要素组成。纵面线形由直线(直坡段)及竖曲线等基本要素组成。道路线形设计时必须考虑技术、经济和美学等方面的要求。道路线形设计主要研究汽车行驶与道路各个几何元素的关系,以保证在设计速度、预计交通量以及地形和其他自然条件下,行驶安全、经济、旅客舒适以及路容美观。因此,道路线形设计主要涉及人、车、路、环境的相互关系。驾驶者的心理、汽车运行的轨迹、动力性能以及交通流量和交通特性都和道路的线形设计有着直接关系,要做好道路设计与施工也必须研究这些问题。

(二)结构组成

在结构方面,道路包括路基、路面、桥涵、隧道、排水系统、防护工程、特殊构造物及交通服务设施等工程实体。

1.路基

路基是在天然地面上填筑成路堤(填方路段)或挖成路堑(挖方路段)的带状土工结构物,是行车部分的基础,它承受路面传递下来的行车荷载。设计时必须保证路基具有足够的强度、变形性能和足够的稳定性,并防止水分及其他自然因素对路基本身的侵蚀和损害。

2.路面

路面是用各种筑路材料铺筑在公路路基上供车辆行驶的构造物。它直接承受行车荷载和自然因素的作用,供车辆在上面以一定车速安全而舒适地行驶。

3.桥涵

桥梁是为公路、城市道路等跨越河流、山谷等天然或人工障碍物而建造的建筑物。涵洞是为宣泄地面水流而设置的横穿路堤的小型排水构造物。在低等级道路上,当水流不大时可修筑用大石块或卵石堆筑的具有透水能力的透水路堤,通过平时无水或水流很小的宽浅河流可修筑在洪水期间允许水流漫过的过水路面。在未建桥的道路中断处还可设置渡口、码头等。

4.隧道

隧道是为道路从地层内部或水底通过而修筑的建筑物。隧道可以缩短道路里程并使行车平顺迅速。

5.排水系统

为了防止地表水及地下水等自然水侵蚀、冲刷路基,确保路基稳定,需设置排水构造物,除上述桥涵外,还有边沟、截水沟、排水沟、跌水、急流槽、盲沟、渗井及渡槽等。这些排水构造物组成综合排水系统,以减轻或消除各种水对道路的侵害。

6.防护工程

防护工程指在陡峻山坡或沿河一侧的路基边坡修建的填石边坡、砌石边坡、挡土墙、护脚及护面墙等可加固路基边坡,保证路基稳定的构造物。在易发生雪害的路段可设置防雪栅等。在沙害路段设置控制风蚀过程的发生和改变砂粒搬运及堆积条件的设施。沿河路基可设置导流结构物,如顺水坝、格坝、丁坝及拦水坝等间接防护工程。

二、道路分类

(一)快速路

快速路,作为城市道路体系中的高等级构成部分,其特性显著且功能明显。这类道路以其中央分隔设计和全面的出入控制而著称,确保了交通流的稳定和有序。更为关键的是,快速路配备了先进的交通安全与管理设施,这些设施不仅提升了行车的安全性,也优化了交通管理的效率。快速路的设计理念主要是为机动车提供一个连续、无阻碍的行车环境。其单向多车道,通常是双车道以上的布局,极大地增强了道路的通行能力,确保了交通的顺畅与连续。这种设计不仅减少了车辆之间的相互影响,还大大提高了道路的运输效率,从而满足了现代社会对于高效、快速交通的迫切需求。值得一提的是,快速路的设计车速普遍较快。这一设计考虑主要是为了满足中长距离的快速交通需求,使得车辆能够在短时间内快速通过,从而减少行车时间,提高出行效率。在城市化进程不断加速的今天,这种高效、快速的交通方式无疑为城市的经济发展和居民的生活提供了极大的便利。在城市规划的宏观视角下,快速路的作用不仅仅局限于提供高效的交通服务。更重要的是,它常常承担起连接城市主要区域与外围高速公路的桥梁角色。这种连接作用,不仅加强了城市内外的交通联系,也为城市的扩展和发展提供了有力的交通支撑。因此,快速路在城市道路体系中占据着举足轻重的地位,是城市规划和交通设计中不可或缺的一部分。

(二)主干路

主干路不仅连接着城市的各个主要分区,更承载着城市内部大量的交通流量。在城市化快速推进的今天,主干路的设计和优化显得尤为重要。为了满足日益增长的交通需求,主干路的设计必须精细而周全。特别是机动车与非机动车的分隔设计,是确保交通安全与顺畅的关键。通常,主干路会采用三幅路或四幅路的设计形式。这种设计不仅有效分隔了不同类型的交通流,减少了交通冲突点,还大大提高了道路的通行能力和安全性。与快速路相比,主干路更注重服务城市内部的交通需求。它不仅连接着城市的居住区、商业区、工业区等重要区域,还是城市居民日常出行的主要通道。因此,主干路的设计不仅要考虑交通的流畅性,还要兼顾周边居民的生活便利性。同时,主干路也是连接城市各部分的重要通道。它像城市的大动脉,将城市的各个角落紧密地联系在一起。这种连接作用不仅加强了城市内部的交流与互动,还促进了城市的经济发展和社会进步。

(三)次干路

次干路广泛分布于城市的各个区域内,与主干路相互衔接,共同构建了一个完整且高效的城市道路网络。在这个网络中,次干路发挥着至关重要的作用。次干路的主要功能是集散交通。它们将主干路上的交通流量进行有效的分散和引导,确保城市交通的顺畅运行。同时,次干路还承担着连接周边区域和提供地方性交通服务的任务。这使得次干路在保障城市交通流畅性的同时,也满足了居民日常生活的出行需求。值得一提的是,次干路沿线通常分布着大量的住宅、公共建筑以及停车场地等设施。这些设施的存在使得次干路不仅仅是一条交通通道,更是一个融合了交通与生活功能的社区空间。因此,在设计次干路时,需要充分考虑其交通性和生活性的双重需求。为了满足这些需求,次干路的设计往往注重人性化和多功能性。例如,在道路两侧设置宽敞的人行道和自行车道,以方便行人和骑行者的出行;同时,合理规划公交站点和停车位,以满足居民的公共交通和停车需求。这些设计细节不仅提升了次干路的交通效率,也使其成为城市居民日常生活的重要组成部分。

(四)支路

支路虽然在整个交通网络中处于较为微观的位置,但其作用却不容忽视。这类道路的主要功能在于为次干路与街坊路提供必要的连接,起到了桥梁和纽带的作用,确保城市交通的连贯性和可达性。与主干路和次干路不同,支路更注重服务功能,其设计车速相对较低,这样的设计旨在更好地适应和满足周边居民的日常出行需求。无论是步行、骑行还是驾车,支路都为居民提供了便捷、安全的交通环境,使得出行更加顺畅、高效。同时,支路的规划和设计对于提升城市交通的微循环能力具有举足轻重的意义。微循环交通,作为城市交通系统的重要组成部分,其流畅与否直接影响到城市交通的整体效率和居民出行的便捷度。而支路,作为微循环交通的主要载体,其合理规划与设计不仅能够有效缓解主干路和次干路的交通压力,还能够提高整个城市交通系统的运行效率和服务水平。

第四节　公路建设的具体内容

一、公路选线

(一)安全性原则在公路选线中的应用与意义

安全性是公路选线的首要原则。在选线过程中,必须充分考虑地质条件,避开地质不良区域,如断层、滑坡、泥石流等自然灾害频发的地段。这些区域地质结构不稳定,容易发生自然灾害,对公路的安全运营构成严重威胁。因此,选线时应进行详细的地质勘探和风险评估,确保所选路线地质稳定、安全可靠。此外,安全性原则还要求选线时考虑路线的平纵线形设计。合理的平纵线形设计能够提高公路的行车安全性,减少交通事故的发生。例如,在山区公路选线中,应避免急弯、陡坡等危险路段,通过优化线形设计,降低行车难度,提高行车安全性。

(二) 经济性原则在公路选线中的体现与价值

经济性原则是公路选线中不可忽视的重要因素。在选线过程中,应充分考虑建设成本,选择最经济合理的路线。这要求选线人员在进行路线选择时,要综合考虑土石方量、桥梁隧道等构造物的数量和规模、征地拆迁费用等多个方面,力求实现成本最优化。为了实现经济性原则,选线时可采用先进的技术手段进行方案比选。例如,利用地理信息系统(GIS)进行空间分析,评估不同路线的经济效益;采用仿真模拟技术对路线方案进行交通流量预测和分析,确保所选路线能够满足未来交通发展的需求。同时,经济性原则还体现在对当地经济发展需求的考虑上。公路选线应结合当地产业发展规划、城镇布局等因素,选择与地区经济发展相协调的路线方案,以促进区域经济的可持续发展。

(三) 环保性原则在公路选线中的实践与意义

随着人们对环境保护意识的提高,环保性原则在公路选线中的地位日益凸显。选线时应考虑对周围环境的影响,尽量避开生态敏感区域,如自然保护区、水源保护区等,以减少对自然环境的破坏。在实践中,环保性原则要求选线人员充分利用现有技术手段进行环境影响评价。通过对路线方案进行生态环境影响预测和评估,选择对环境影响最小的路线方案。同时,还应注重生态恢复和环境保护措施的实施,确保公路建设与环境保护的协调发展。此外,环保性原则还体现在对景观设计的考虑上。公路选线应结合沿线自然景观和人文景观的特点,进行景观规划和设计,使公路与周围环境相协调,提升公路的整体美观性和生态价值。

二、路基工程

(一)路基的稳定性原则

为了确保路基在各种荷载和自然环境影响下的稳定性,防止沉降、滑移等病害的发生,需要采取一系列的设计和施工措施。首先,在路基设计中,应对地基进行详细的工程地质勘察,了解地基的土层结构、土质特性以及地下水情况。这些信息对于评估路基的稳定性至关重要。根据勘察结果,设计师可以选择合适的地基处理方法,如换填、强夯、桩基等,以提高地基的承载力,确保路基的稳定性。其次,在施工过程中,应严格控制填土质量。填土材料应符合规范要求,具有良好的工程性质,如适当的含水量、合理的级配和较高的密实度。填土时应分层填筑,每层填筑厚度不宜过大,以确保填土能够充分压实,提高路基的稳定性。此外,排水设施的设置也是确保路基稳定性的重要措施。在路基两侧应设置排水沟或排水管,及时排除地表水和地下水,防止水分渗入路基,影响路基的稳定性。同时,对于高填方路基,还应设置边坡防护设施,防止边坡失稳。

(二)路基的承载能力原则

为了确保路基具有足够的承载能力,需要在设计和施工过程中进行严格的控制。在设计阶段,应根据交通量预测和路面结构设计要求,合理确定路基的承载能力。通过选择适当的路基材料和结构形式,确保路基能够承受路面的重量和行车荷载,避免路面出现沉降、开裂等病害。在施工过程中,压实度的控制是提高路基承载能力的重要手段。通过选择合适的压实机械和压实方法,确保填土达到设计要求的密实度。同时,应对填土进行质量检测,如采用环刀法、灌砂法等方法测定填土的干密度,以确保填土质量符合设计要求。

三、路面工程

(一)路面的平整度

平整度是衡量路面质量的重要指标之一,它直接关系到行车的舒适度和安全性。平整度不佳的路面会导致行车颠簸,不仅影响乘客的舒适度,还可能对车辆造成损害。因此,在路面工程中,确保路面平整度达到设计要求是至关重要的。为了提高路面的平整度,需要从设计和施工两个方面入手。在设计阶段,应根据交通流量、车辆类型和行驶速度等因素,合理确定路面的结构形式和材料选择。同时,应考虑到地基的不均匀沉降、温度变化等因素对路面平整度的影响,并采取相应的措施进行预防和控制。在施工阶段,应严格控制基层和面层的施工质量。基层的平整度直接影响到面层的平整度,因此必须确保基层的施工质量。在面层施工中,应选择合适的摊铺机械和施工工艺,确保沥青混合料或水泥混凝土能够均匀、连续地铺设在路面上。同时,应加强施工过程中的质量控制,及时发现并处理施工中出现的问题,确保路面的平整度达到设计要求。

(二)路面的抗滑性

抗滑性是路面安全性能的重要指标之一。在雨天、雪天等恶劣天气条件下,路面的抗滑性能尤为重要。如果路面材料的抗滑性能不佳,车辆在行驶过程中容易出现打滑现象,严重威胁道路交通安全。为了提高路面的抗滑性,需要选择合适的路面材料和设计合理的路面结构。在材料选择方面,应选用耐磨、耐压、抗滑性能好的材料,如高质量的沥青混凝土或水泥混凝土。同时,可以在路面表面添加一些抗滑剂或采用刻槽等工艺措施来提高路面的抗滑性能。在施工阶段,应严格控制材料的配合比和施工工艺参数,确保路面材料的均匀性和密实性。同时,应加强路面的养护工作,及时清理路面上的杂物和积水,保持路面的干燥和清洁,从而提高路面的抗滑性能。

(三)路面的耐久性

耐久性是评价路面质量的重要指标之一。一个耐久性好的路面能够承受长期行车荷载和自然环境的影响,减少维修频率和成本,提高路面的使用寿命。为了提高路面的耐久性,需要从材料选择、结构设计和施工工艺等多个方面入手。在材料选择方面,应选用高强度、高耐久性的材料,如优质沥青、高强度水泥等。同时,可以添加一些外加剂来改善材料的性能,提高路面的耐久性。在结构设计方面,应合理设计路面的结构形式和厚度,确保路面能够承受长期行车荷载和自然环境的影响。同时,应考虑到路面的排水设计,防止水分渗入路面结构内部,影响路面的耐久性。在施工阶段,应严格控制施工质量,确保每一道工序都符合规范要求。同时,应加强路面的养护工作,及时发现并处理路面出现的病害和问题,延长路面的使用寿命。

第六章 公路工程的施工及管理技术

第一节 建设项目管理

一、质量管理

(一)制定明确的质量标准

制定明确的质量标准是公路工程建设质量管理的首要任务，这不仅为后续的施工提供了明确的指导，还是评价工程质量的重要依据。在制定质量标准时，必须综合考虑国家相关规范和行业标准，以确保标准的科学性和权威性。同时，结合具体项目的特点和要求进行调整和优化，以满足实际工程的需要。国家规范和行业标准是制定项目质量标准的基础。这些规范和标准汇集了行业内的最佳实践和经验总结，具有很高的参考价值。在制定项目质量标准时，应仔细研究并遵循这些规范和标准，以确保工程质量的合规性和可靠性。虽然国家规范和行业标准提供了通用的质量框架，但每个公路工程建设项目都有其特点和要求。因此，在制定质量标准时，必须充分考虑项目的实际情况，如地质条件、气候条件、交通流量等因素，以确保质量标准的针对性和实用性。在制定质量标准时，应明确对材料质量和施工过程精度的具体要求。这包括材料的性能参数、规格尺寸以及施工过程中的允许偏差等。通过明确这些要求,可以为后续的材料采购和施工提供明确的指导,从而确保工程的质量。

(二)严格把控材料质量

为了确保进场材料的质量,必须建立严格的材料验收制度。这包括对材料的外观质量、规格尺寸、性能参数等进行全面检查,确保材料符合质量标准。对于不符合要求的材料,应坚决予以退回或替换。除了对进场材料进行严格检查外,还需要加强材料的存储和管理,包括确保材料在存储过程中不受损坏、污染或变质,以及确保材料在使用过程中按照规定的程序进行领取和使用。通过加强监督和管理,可以避免因材料问题而导致的工程质量问题。为了进一步确保材料质量,可以建立材料质量追溯体系。通过对材料的来源、生产日期、质量证明文件等信息进行记录和追溯,可以在出现问题时及时查找原因并采取相应的补救措施。这有助于提高工程质量管理的效率和效果。

(三)加强施工过程的质量控制

施工过程的质量控制是确保公路工程建设项目质量的关键环节。通过加强施工过程的质量控制,可以及时发现并纠正施工中出现的问题,从而确保工程的质量。在施工过程中,必须严格按照图纸和规范进行施工操作,确保每一道工序都符合质量要求。同时,施工人员应具备良好的技术水平和责任心,以确保施工过程的顺利进行。为了及时发现并纠正施工中出现的问题,应定期进行质量检查和评估工作。这包括对已完成的工程部分进行全面检查、对关键工序进行实时监控以及对施工过程中的质量数据进行统计分析等。通过定期的质量检查和评估,可以及时发现潜在的质量问题并采取相应的补救措施。为了加强施工过程的质量控制,还需要建立有效的信息反馈机制。通过及时收集和分析施工过程中的质量信息、了解施工人员的意见和建议以及及时处理和回复相关问题等方式,可以不断改进和优化施工过程中的质量控制措施,有助于提高工程质量的稳定性和可靠性。

二、成本管理

(一)制订合理的预算计划

在制订预算计划时,应全面考虑项目的规模、难度、工期和技术要求等因素。这些因素直接关系到项目的成本构成和资金需求。例如,大型复杂的公路项目往往需要更多的材料、劳动力和时间资源,因此其预算计划应相应增加相关费用的预估。预算计划中应包含各项费用的明细分类,如材料费、人工费、机械使用费等。每一项费用都应基于市场调研、历史数据以及项目特性进行合理估算。这种分类不仅有助于更精确地控制成本,还能在项目执行过程中提供有力的数据支持。预算计划应具备一定的灵活性和可调整性。由于公路工程项目通常周期长、涉及因素复杂,因此预算计划应能够适应项目执行过程中可能出现的变化。这就要求在制定预算时,既要考虑固定成本,也要为可能的变动成本留出空间。

(二)加强成本控制

施工过程中,应建立有效的成本监控机制,实时跟踪各项费用的支出情况。一旦发现有超出预算的趋势,应立即分析原因并采取相应的调整措施。这种实时监控与调整的能力,对于保持成本控制的灵活性和有效性至关重要。通过对实际成本与预算成本的对比,可以及时发现成本超支或节约的情况,并分析其原因。基于这些分析,可以进一步优化成本结构,提高资源利用效率。为了应对可能出现的成本风险,应提前制定预防和应对措施,包括对市场价格的波动、供应链的不稳定等外部因素进行预测和应对,以及优化内部管理流程、提高施工效率等内部措施的采取。

(三)进行效益分析

项目结束后的效益分析是评估项目整体经济效益、社会效益和环境效益的重要环节,这不仅有助于总结项目的经验教训,还能为未来类似项目提供有价值的参考。通过对比项目的实际成本与收益,可以评估项目的经济效益,包括投资回报率、成本效益比等关键指标的计算与分析。经济效益的评估不仅反映了项目的直接经济收益,还能揭示项目管理过程中的效率与问题。公路工程建设项目往往对当地社会产生深远影响。因此,在效益分析中应充分考虑项目的社会效益,如交通便利性的提升、区域经济发展的促进等。这些社会效益的考量有助于更全面地评价项目的综合价值。随着环境保护意识的提升,项目的环境效益也成为评估的重要内容。在效益分析中,应关注项目对环境的影响,如生态保护、资源利用等方面。通过环境效益的评估,可以促进项目在可持续发展方面的改进与创新。

三、进度管理

(一)制订详细的施工计划

在施工计划中,应明确划分项目的各个阶段,并为每个阶段设定具体的任务目标。这些目标不仅包括工程量、质量要求等硬性指标,还应考虑到安全、环境等因素。通过明确各阶段的任务目标,可以使施工团队对项目的整体进程有清晰的认识,从而更好地进行工作分配和资源配置。时间节点的设定对于控制项目进度至关重要。在施工计划中,应为每个阶段设定明确的时间节点,包括开始时间、结束时间以及关键里程碑的达成日期。这些时间节点的设定应基于项目的实际情况、资源状况以及可能的风险因素,确保计划的合理性和可行性。施工计划中还应详细规划资源的配置,包括人力、物力、财力等方面的安排。同时,应对可能出现的风险因素进行全面评估,并制定相应的应对措施。这些措施包括风险预警机制、应急预案等,以确保在项目执行过程中能够及时应对各种不确定性因素。

(二)实时监控进度情况

实时监控进度情况是确保项目按计划推进的重要手段。通过实时监控,可以及时发现并解决问题,确保项目的顺利进行。为了实时监控项目的进展情况,应建立有效的监控机制,包括定期的项目进度会议、现场巡查以及信息化管理系统等。通过这些机制,项目管理团队可以及时了解项目的最新进展,发现存在的问题,并采取相应的措施进行解决。在实时监控过程中,应定期收集项目的进度数据,并进行深入的分析。这些数据可以反映项目的实际进展情况与施工计划的符合程度,从而帮助项目管理团队判断是否需要调整计划或采取其他措施。一旦发现项目进度滞后或其他异常情况,应立即采取措施进行调整和优化。这些措施包括增加资源投入、优化施工流程、协调各方资源等。通过及时的响应和调整,可以最大程度地减少时间浪费,确保项目的顺利推进。

（三）灵活调整计划

由于公路工程建设项目的复杂性和不确定性，实际施工过程中可能会遇到各种预料之外的情况。因此，灵活调整原计划以适应实际情况的变化至关重要。项目管理团队应具备对变化的敏感性，及时发现并评估各种不确定性因素对项目进度的影响。这些因素包括天气变化、政策调整、供应链问题等。通过对这些因素的及时识别和评估，可以为后续的计划调整提供有力的依据。在发现实际情况与原计划存在偏差时，应灵活地进行计划调整。调整内容涉及时间节点的重新设定、资源配置的优化以及施工流程的改变等。通过灵活的计划调整，可以确保项目在面对不确定性因素时仍能保持高效推进。在进行计划调整时，还应充分考虑可能的风险因素，并制定相应的应对策略。这些策略包括风险降低、风险转移以及风险接受等。通过全面的风险管理和应对策略的制定，可以最大程度地减少不确定性因素对项目进度的影响。

四、风险管理

（一）风险识别与评估

风险识别是风险管理的第一步，它要求项目团队在项目开始之前，系统地分析和识别可能存在的风险因素。项目团队应通过头脑风暴、历史数据分析、专家咨询等方法，全面识别出可能影响项目的各种风险因素。这些风险因素包括自然灾害（如洪水、地震等）、技术难题（如地质条件复杂、施工技术要求高）、政策变化（如环保法规的调整、土地政策的变动）等。在识别出风险因素后，项目团队应对其进行深入的评估，包括风险发生的可能性、风险发生后可能造成的损失程度,以及风险对项目整体目标的影响等。这种评估有助于项目团队明确哪些风险是需要优先关注的重点。

(二)持续监控与调整

在施工过程中,项目团队需要持续监控项目的进展情况,并关注潜在风险因素的变化情况。通过定期的项目进展会议、现场巡查以及信息化管理系统等方式,项目团队应实时监控各类风险因素的发展情况。一旦发现风险因素有激化的趋势,应立即启动相应的应对措施。随着项目的推进和外部环境的变化,原有的风险管理策略可能需要进行调整。项目团队应根据实际情况,及时调整风险管理策略,以确保其有效性和针对性。

第二节　公路工程施工技术

一、路基施工技术

(一)填土材料的选择与工程性质

优质的填土材料应具备适宜的含水量、合理的级配以及良好的压实性。填土材料的含水量是影响压实效果的关键因素。含水量过高会导致填土难以压实,形成"弹簧土"现象,严重影响路基的稳定性;而含水量过低则会使填土材料过于干燥,同样难以达到理想的压实效果。因此,在选择填土材料时,应充分考虑其含水量,确保在压实过程中能够达到最佳效果。填土材料的级配对于路基的密实度和稳定性也至关重要。合理的级配能够使填土材料在压实过程中形成良好的嵌挤结构,从而提高路基的承载能力。

在选择填土材料时,应对其进行筛分试验,以确定其级配是否符合设计要求。填土材料的压实性是影响路基质量的又一重要因素。优质的填土材料应在压实过程中易于达到设计要求的密实度,从而确保路基的稳定性和耐久性。在选择填土材料时,可以通过试验测定其最大干密度和最佳含水量,以评估其压实性能。

(二)填筑方法与分层填筑原则

分层填筑是一种常用的填筑方法,其原则是将填土材料分层铺设、分层压实,以确保每一层填土都能够达到设计要求的密实度。通过分层填筑,可以有效地控制每层填土的厚度和压实度,避免出现压实不足或过度压实的情况。同时,分层填筑还有利于及时发现并处理路基施工中的问题,如局部软弱、不均匀沉降等。在分层填筑过程中,应严格控制每层的填筑厚度。填筑厚度过大会导致压实困难,影响路基的稳定性;填筑厚度过小则会增加施工难度和成本。因此,在实际施工中,应根据填土材料的性质和压实机械的性能来确定合理的填筑厚度。

(三)地基处理技术与加固措施

地基处理是确保路基稳定性的关键步骤,尤其对于不良地基,如软土地基、湿陷性黄土地基等,需要采取相应的加固措施以提高其承载能力。软土地基具有含水量高、压缩性大、透水性差等特点,容易导致路基沉降和不均匀变形。换填法则是将软土挖除,换填具有良好工程性质的填土材料;桩基加固法则是通过打入桩基来提高地基的承载能力。湿陷性黄土地基在遇水后容易发生沉降和变形,严重影响路基的稳定性。强夯法则是通过重锤夯实来使地基土密实,消除湿陷性。

二、路面施工技术

(一)基层施工的重要性及技术要点

基层作为路面的主要承重层,其施工质量直接关系到路面的整体性能和使用寿命。基层施工应选用高质量的材料,如水泥稳定碎石、二灰土等。这些材料具有良好的力学性能和稳定性,能够有效地承受和分散来自上部的荷载,从而确保路面的稳定性和耐久性。在选择材料时,应对其进行严格的检测和试验,以确保其质量符合设计要求。科学的施工工艺是确保基层施工质量的关键。在基层铺设过程中,应严格控制铺设厚度和平整度,避免出现厚度不均或局部凸起的情况。压实过程中应注意控制压实遍数和压实速度,避免出现过度压实或压实不足的情况。在基层施工过程中,应加强质量控制,对每个施工环节进行严格把关。例如,在材料进场时应对其进行质量检查,确保材料质量符合要求;在施工过程中应对铺设厚度、平整度、压实度等关键指标进行实时监测和调整,以确保施工质量。

(二)面层施工的重要性及技术要点

面层是路面最表层的结构,直接与车轮接触,因此其材料选择和施工工艺都至关重要。在选择面层材料时,应考虑其耐磨性、抗滑性、耐久性以及施工和易性等因素。沥青混凝土和水泥混凝土是两种常用的面层材料,它们各自具有不同的特点和应用范围。在施工过程中,应严格控制材料的配合比,确保沥青与矿料的比例、水泥与骨料的比例等符合设计要求,以提高面层的强度和耐久性。面层的摊铺和压实工艺对于路面的平整度和强度具有重要影响。在摊铺过程中,应控制摊铺速度和摊铺温度,确保沥青混凝土或水泥混凝土能够均匀铺设在基层上。在面层施工过程中,应加强施工质量控制和检测工作。例如,在摊铺过程中应对摊铺厚度、平整度等关键指标进行实时监测和调整;在压实过程中应对压实度进行检测和控制;在施工完成后应对路面进行质量检测和评估,以确保施工质量符合要求。

(三)基层与面层施工的相互关系及影响

基层和面层施工是相互关联、相互影响的两个环节。基层的施工质量直接影响到面层的稳定性和耐久性;面层的施工质量则关系到路面的使用性能和安全性。因此,在基层和面层施工过程中应充分考虑二者的相互关系及影响。基层的平整度和强度直接影响到面层的铺设质量和使用寿命。如果基层不平整或强度不足,将导致面层出现裂缝、坑槽等病害,严重影响路面的使用性能和安全性。面层作为路面的最表层结构,能够有效地保护基层免受外界环境的侵蚀和破坏。通过选择合适的面层材料和施工工艺,可以提高路面的耐磨性、抗滑性和耐久性,从而延长路面的使用寿命并保障行车安全。

三、桥梁施工技术

(一)基础施工:确保桥梁稳定的基石

基础施工的成败,直接关系到桥梁的使用寿命和安全性。在进行基础施工前,科学的地质勘探工作是不可或缺的。这包括对地质结构、土层分布、地下水位等的详细探测,以便为设计提供准确的地质数据。设计环节则需要根据勘探结果,合理选择基础类型、确定基础尺寸和深度,确保基础能够承受桥梁传递下来的荷载,并具备一定的安全储备。基础形式的选择应根据地质条件、桥梁跨度、荷载大小等多种因素综合考虑。常见的基础形式包括扩大基础和桩基础。扩大基础适用于地质条件较好、荷载不大的情况;桩基础则适用于地质条件复杂、荷载较大的桥梁。在实际施工中,应根据具体情况灵活选择,确保基础的稳定性和承载能力。基础施工过程中,应严格控制施工工艺,确保施工质量。例如,在浇筑混凝土前,应对基坑进行彻底清理和检查;混凝土浇筑过程中,应保证振捣密实,避免出现蜂窝、麻面等质量问题。同时,还应做好养护工作,确保混凝土达到设计强度。

(二)桥墩台施工:承载桥梁重量的关键

桥墩台作为桥梁的承重结构,其施工质量对桥梁的承载能力和稳定性具有直接影响。因此,在桥墩台施工过程中,应严格控制施工质量,确保桥墩台的强度和稳定性。模板的安装精度直接关系到桥墩台的形状和尺寸精度。在安装模板时,应使用专业的测量仪器进行定位,确保模板的位置、垂直度和平整度满足设计要求。同时,还应加强模板的支撑和固定,防止在混凝土浇筑过程中发生变形或移位。混凝土浇筑是桥墩台施工的关键环节。在浇筑前,应对模板进行彻底清理和湿润;浇筑过程中,应控制混凝土的坍落度和振捣时间,确保混凝土能够充分密实并填满模板;浇筑完成后,还应及时进行养护工作,防止混凝土出现裂缝或收缩变形。

(三)桥面施工:保障行车安全与舒适度的关键

桥面作为桥梁最表层的结构,其平整度和抗滑性对行车的安全性和舒适度具有重要影响。因此,在桥面施工过程中,应选用高质量的材料进行铺设和压实,并严格控制施工工艺参数,以确保桥面的平整度和强度。首先,桥面施工应选用高质量的材料进行铺设。常见的桥面材料包括沥青混凝土、水泥混凝土等。在选择材料时,应考虑其耐磨性、抗滑性、耐久性等因素。其次,应加强材料的质量控制工作,确保进场的材料符合设计要求和相关标准。桥面施工过程中应严格控制施工工艺参数。例如,在摊铺沥青混凝土时,应控制摊铺温度和速度;在压实过程中应选择合适的压路机和压实遍数;同时还应做好接缝处理工作等。这些措施有助于提高桥面的平整度和强度,确保行车的安全性和舒适度。桥面防水与排水设计也是桥面施工中的重要环节。通过合理设置防水层和排水系统,可以有效防止雨水渗透至桥面结构内部造成损害;同时还可以及时排除桥面上的积水,提高行车的安全性。

四、隧道施工技术

(一)开挖技术

在进行隧道开挖时,首先需要根据地质勘察报告和设计要求,选择最合适的开挖方法。例如,对于岩石地层,可能会采用钻爆法;在软土地层中,则可能更倾向于使用盾构机或挖掘机进行开挖。同时,选择合适的开挖机械也至关重要,不仅要考虑机械的性能和效率,还要兼顾其对周围环境的影响。隧道的开挖精度直接关系到隧道的整体质量和安全性。因此,在施工过程中,需要严格控制开挖的轮廓尺寸和坡度,确保与设计图纸一致。这通常需要通过精确的测量和实时的监控来实现。在保证开挖质量的前提下,提高开挖效率是缩短工期、降低成本的关键。这可以通过优化开挖流程、提高机械化程度、合理安排工作时间等方式来实现。

（二）支护技术

根据地质条件和开挖过程中的实际情况，选择合适的支护方式至关重要。例如，在岩石地层中，可能会采用锚杆支护来加固岩壁；在软土地层中，则可能需要使用钢支撑或混凝土支撑来提供足够的稳定性。在实施支护措施之前，需要对支护结构进行详细的稳定性分析。这通常涉及地质力学模型的建立、荷载计算以及支护结构的优化设计等步骤。通过这些分析，可以确保支护结构能够有效地抵抗地层压力和变形，从而保持隧道的稳定性。支护施工的质量直接影响到支护效果的好坏。因此，在施工过程中，需要严格控制材料质量、施工工艺和验收标准。例如，对于锚杆支护，需要确保锚杆的材质、直径和长度符合设计要求；对于钢支撑或混凝土支撑，则需要保证其强度和稳定性达到预定标准。

（三）衬砌技术

衬砌作为隧道内壁的保护层，不仅可以防止渗漏和侵蚀，还能增强隧道的整体结构强度。因此，衬砌技术的选择和实施对于确保隧道的使用寿命和安全性具有重要意义。高质量的混凝土是衬砌施工的首选材料。在选择混凝土时，需要考虑其强度、耐久性、抗渗性等多方面因素。同时，为了增强衬砌的防水性能，还可以在混凝土中添加防水剂或其他特殊材料。在衬砌施工过程中，严格控制施工工艺参数至关重要，包括混凝土的浇筑速度、温度控制、振捣方式等。通过合理的参数设置，可以确保混凝土充分密实、无裂缝产生，从而提高衬砌的质量和强度。为了确保衬砌质量符合设计要求，需要对衬砌进行全面的质量检测与评估，通常包括外观检查、尺寸测量、强度测试等多个环节。通过这些检测手段，可以及时发现并处理潜在的质量问题,确保隧道的安全运营。

第三节　公路工程养护与维修

一、公路工程养护与维修的重要性

(一)确保公路畅通的重要性

公路的畅通与否直接关系到交通的流畅度。在现代社会,高效的交通系统是城市经济活力的源泉,也是确保社会正常运转的关键因素。一旦公路出现拥堵或损坏,不仅会导致交通效率的降低,还可能引发一系列的连锁反应,如物流受阻、经济成本上升、民众出行不便等。为了确保公路的畅通,定期的养护与维修工作成为不可或缺的环节。这包括对路面的定期检查,及时发现并处理路面破损、坑洼不平等问题;对路面的清扫,确保路面无杂物、无污染,从而提高车辆的行驶效率;对路面的修补,对于出现的小范围破损进行及时修复,防止破损扩大,影响公路的正常使用。从更深层次的角度来看,公路的畅通还关乎公共安全。当路面出现破损或不平整时,会增加行车的难度和风险,甚至可能引发交通事故。因此,通过养护与维修确保公路的畅通,实际上也是在维护公共安全,保障人民的生命财产安全。

(二)延长公路使用寿命的经济效益

公路作为一种大型基础设施,其建设和维护都需要投入大量的资金和资源。因此,如何延长公路的使用寿命,降低维护成本,成为公路管理部门需要重点关注的问题。养护与维修在这方面发挥着至关重要的作用。通过对损坏的路面、桥梁、隧道等结构进行及时的修复,不仅可以防止进一步的损坏,还可以确保公路的持续稳定运行。这种预防性的维护策略,相较于事后的重建或大修,无疑更加经济、高效。此外,延长公路的使用寿命还意味着减少了频繁重建或大修所带来的环境压力和社会成本。频繁的重建不仅会占用大量的土地和资源,还可能对周边的生态环境造成破坏。而通过养护与维修延长公路的使用寿命,则可以在一定程度上减少对环境的负面影响。

(三)提升公路安全性的社会价值

公路的安全性是评价其运行状态的重要指标之一。一个安全可靠的公路系统,不仅可以保障行车的顺畅,还可以减少交通事故的发生,保护人民的生命财产安全。定期的养护与维修工作是提升公路安全性的关键。通过对公路的全面检查,可以及时发现并处理路面破损、桥梁老化、隧道渗漏等潜在的安全隐患。这种前瞻性的维护方式,可以在很大程度上降低交通事故的发生率,提高公路的整体安全性。同时,对公路的养护与维修也是对社会负责任的体现。一个安全、畅通的公路系统,不仅可以提升民众对政府的信任度和满意度,还可以为社会的和谐发展提供有力的支撑。

二、公路工程养护与维修的原则

(一)预防为主,防治结合

这一原则强调的是通过前瞻性的管理和定期的检查,及时发现并处理问题,以防止小问题演化成大问题,从而确保公路的持久性和安全性。预防为主的核心理念在于,通过科学的方法和技术手段,对公路进行定期、全面的检查与评估,包括对路面状况、桥梁结构、隧道设施等各个关键部分的细致检查。例如,利用先进的无损检测技术,可以及时发现路面下的隐患,如裂缝、空洞等,从而避免这些隐患发展成为严重的损坏。同样,对桥梁和隧道的定期检查,也可以及时发现并处理锈蚀、裂缝等问题,防止其进一步恶化。防治结合则是指在预防的基础上,一旦发现问题,立即采取有效的措施进行修复。这种及时的响应机制,不仅可以防止问题的进一步扩大,还可以降低维修成本,提高公路的使用效率。例如,当发现路面出现坑槽或裂缝时,应立即进行填补和封闭处理,以防止雨水和杂物侵入,加速路面的损坏。

(二)科学养护,合理维修

科学养护与合理维修是公路工程养护与维修中的另一重要原则。这一原则要求根据公路的实际情况,采用科学的养护方法和合理的维修技术,以确保公路的完好和畅通。科学养护的核心在于运用先进的科技手段和专业知识,对公路进行全面的、系统的养护,包括对路面的清扫、保养,对桥梁和隧道的定期检查与维护,以及对排水系统、照明设施等附属设备的维修与更新。通过科学的养护,可以确保公路的各个部分都处于良好的工作状态,从而提高公路的使用效率和安全性。合理维修则是指在公路出现问题时,根据实际情况选择合适的维修方法和材料,以达到最佳的修复效果。例如,在路面修复中,应根据路面的损坏程度和类型,选择合适的修补材料和施工方法。对于桥梁和隧道的维修,也应根据具体的损坏情况,制定详细的维修方案,以确保修复后的结构能够满足使用要求。

（三）经济效益与社会效益并重

在公路工程的养护与维修中，经济效益与社会效益并重是一个重要的考量因素。这一原则要求在养护与维修过程中，既要考虑经济效益，也要考虑社会效益，以确保公路的畅通与安全。经济效益的考虑主要体现在对养护与维修成本的控制上。在进行公路养护与维修时，应根据实际情况制订合理的预算和计划，避免浪费。同时，通过采用先进的养护技术和维修方法，可以提高工作效率，降低人工成本。此外，合理的材料选择和使用也可以减少材料的浪费，从而降低维修成本。然而，仅仅追求经济效益是不够的。公路作为社会基础设施的重要组成部分，其安全性、畅通性直接关系到社会大众的出行和生活质量。

三、公路工程养护与维修的技术

（一）路面养护技术

路面作为公路工程最直接且频繁使用的部分，其养护工作对于确保公路的平稳运行和行车安全具有至关重要的作用。路面养护技术涵盖了多个方面，从简单的清扫保洁到复杂的修补封层，每一步都需精心操作，以确保路面的完好性。路面的清扫保洁是日常养护的基础。这不仅仅是为了保持路面的整洁美观，更重要的是清除可能引发交通事故的杂物和障碍物。定期清扫可以有效防止因杂物堆积而造成的行车安全隐患，同时也能延长路面的使用寿命。当路面出现坑槽、松散等病害时，及时的修补工作就显得尤为重要。对于沥青路面，常用的修补材料包括热拌沥青混合料和冷补材料。热拌沥青混合料具有较高的黏结力和耐久性，适用于大面积、深度的修补;冷补材料则因其便捷的施工方式和快速的开放时间,更适用于临时性或紧急修补。修补过程中,需要严格控制材料的质量和施工工艺,以确保修补后的路面与原路面保持良好的一致性。此外,对于水泥混凝土路面,裂缝和断板是常见的病害。针对这些病害,注浆和局部换板是有效的修复方法。注浆技术通过向裂缝或空隙中注入特制的浆液,以恢复路面的整体性和强度;而局部换板则是对严重损坏的路面板进行更换,以确保路面的平整度和行车安全。

(二)桥梁养护技术

桥梁作为公路工程中的关键节点,承载着重要的交通功能。因此,桥梁的养护工作对于确保公路的畅通和安全具有举足轻重的地位。桥梁养护技术涵盖了定期检查、加固与修复、防腐处理等多个方面。通过定期对桥梁进行全面细致的检查,可以及时发现桥梁的潜在病害和安全隐患。检查过程中,应重点关注桥梁的承重结构、连接部位以及桥面铺装等关键部位,确保桥梁的整体稳定性和安全性。当桥梁出现裂缝、锈蚀等病害时,及时的加固与修复工作就显得至关重要。针对裂缝病害,可以采用注浆加固技术,通过向裂缝中注入高强度、高黏结力的材料,以恢复桥梁的承载能力和整体性。对于锈蚀病害,除锈涂漆是有效的处理方法,通过清除锈蚀部分并涂刷防锈漆,可以延长桥梁的使用寿命并提高其美观性。桥梁长期处于自然环境中,容易受到水、氧气等侵蚀性介质的侵蚀。因此,对桥梁进行防腐处理可以有效防止其受到腐蚀和破坏,提高桥梁的耐久性。

(三)隧道养护技术

隧道内的照明设施对于确保行车安全和视线良好具有至关重要的作用。因此,定期检查和更换损坏的灯具、清洁灯具表面以及调整灯具角度等工作是必不可少的。同时,还需要关注隧道内的应急照明系统,确保其在紧急情况下能够正常工作。隧道内的排水系统对于防止积水和渗漏等问题具有关键作用。因此,需要定期清理排水沟和沉淀池中的杂物和淤泥,确保排水系统的畅通无阻。同时,对于损坏的排水管道和设施也需要及时进行修复或更换。隧道壁长期受到汽车尾气和灰尘等污染物的侵蚀,容易出现污渍和破损等问题。因此,需要定期清洗隧道壁以保持其清洁度,并针对破损的隧道壁进行加固处理,以防止进一步的损坏和安全隐患。

参 考 文 献

［1］四川省交通勘察设计研究院有限公司. 道路工程 BIM 建模
［M］. 北京：电子工业出版社，2021.

［2］重庆市建设工程安全管理协会. 建筑施工企业专职安全生产
管理人员安全生产管理知识培训教材［M］. 重庆：重庆大学出
版社，2024.

［3］杨太华. 建设项目绿色施工组织设计［M］. 南京：东南大学出
版社，2021.

［4］李艳凤，张海，王庆贺. 公路工程施工组织及概预算［M］. 北
京：中国水利水电出版社，2021.

［5］吴志红，陈娟玲，张会. 建筑施工技术（第 3 版）［M］. 南京：东
南大学出版社，2020.

［6］李联友. 建筑设备施工技术［M］. 武汉：华中科技大学出版
社，2020.

［7］四川省交通勘察设计研究院有限公司. 公路工程技术 BIM 标
准构件应用指南［M］. 北京：机械工业出版社，2020.

［8］崔艳梅，董立. 道路桥梁工程概预算［M］. 重庆：重庆大学出版
社，2019.

［9］刘勤. 建筑工程施工组织与管理［M］. 银川：阳光出版社，2018.

［10］黄江红，王杰，李秀婷，等. 大数据背景下高速公路建设项目进
度管理的创新实践［J］. 价值工程，2024，43（1）：1-4.

［11］马维鑫. 对公路工程施工技术与管理的研究分析［J］. 工程建设与设计，2024，（11）：244-246.

［12］金国钧. 公路路基路面施工质量的控制及防范措施［J］. 科技创新与生产力，2024，45（06）：85-87.

［13］李加珍. 公路工程建设中道路施工技术应用研究［J］. 工程建设与设计，2024，（10）：191-193.

［14］龚绵涛. 公路工程建设中路基智能压实施工技术研究［J］. 新城建科技，2024，33（05）：115-117.

［15］许小娥. 高速公路造价影响因素及有效控制措施［J］. 新城建科技，2024，33（05）：151-153.

［16］何彬华. 公路工程施工安全管理模式及实践应用分析［J］. 城市建设理论研究（电子版），2024，（15）：19-21

［17］王慧芬. 公路工程施工组织设计对工程造价的影响［J］. 交通科技与管理，2023，4（21）：134-136+133.

［18］杨丽薇. 高速公路工程造价控制敏感性因素研究［J］. 交通世界，2022，（12）：125-126.

［19］金立志. 基础土方施工技术在房屋建筑中的应用［J］. 石材，2024，（07）：38-41.

［20］史伟. 建筑施工中土石方施工的技术措施与现场管理［J］. 石材，2024，（07）：117-119.

［21］王国宝. 关于公路工程标准化施工问题探讨［J］. 大众标准化，2024，（11）：66-67+70.

.